I0073134

Der Telegraphenbetrieb

in Kabelleitungen.

Der

Telegraphenbetrieb

in Kabelleitungen

unter besonderer Berücksichtigung der in der
Reichs-Telegraphenverwaltung bestehenden Verhältnisse

von

E. Müller

Telegraphen-Ingenieur im Reichs-Postamt.

Zweite Auflage.

Mit 26 in den Text gedruckten Figuren.

Berlin.   1891.   **München.**

Julius Springer.   R. Oldenbourg.

DRUCK VON H. S. HERMANN IN BERLIN.

Vorwort.

Das elektrische Verhalten versenkter Telegraphenleitungen
bedingt eine wesentlich andere Behandlungsweise der Betriebsmittel, als solche die Luftleitungen erfordern. Der Handhabung,
Einstellung und Schaltung der Apparate ist beim Kabelbetriebe
nicht allein eine erhöhte Aufmerksamkeit zuzuwenden, sondern es
gehört dazu auch, um die Leitungen auf ihre höchste Leistungsfähigkeit zu bringen, eingehende Kenntniss derjenigen Verhältnisse,
welche sich aus der grossen Kapazität der Kabel ergeben, und
welche auch bedingen, die Schaltungen für den Kabelbetrieb unter
Zuhülfenahme besonderer Zusatzapparate einzurichten.

Das vorliegende Werkchen ist dazu bestimmt, die Telegraphen-
beamten über die praktische Seite des Betriebes der grossen
deutschen Kabelleitungen möglichst ausführlich zu belehren.

Von der Einfügung theoretischer Betrachtungen, soweit solche
bereits allgemein bekannt sind, ist mit Rücksicht auf den Zweck
des Werkchens Abstand genommen worden. Bei Besprechung der
elektromagnetischen Empfangsapparate bin ich hinsichtlich der
Beziehungen zwischen der Anziehungskraft und der Entfernung
von Voraussetzungen ausgegangen, welche als streng richtig allerdings nicht angesehen werden können. Dieses Abhängigkeitsverhältniss ist nicht einfacher Natur. Mit Rücksicht auf den

Zweck der bezüglichen Besprechungen — Gewinnung allgemein geltender Regeln für die Bauart und die Einstellung der Empfangsapparate — dürften diese Voraussetzungen jedoch zulässig sein, da dieselben immerhin brauchbare Annäherungswerthe ergeben.

Wesentlich unterstützt wurde ich bei der Abfassung durch die mir gestattete Benutzung amtlicher Materialien und durch Versuche, welche mit Genehmigung des Reichs-Postamts im Telegraphen-Ingenieurbureau angestellt worden sind.

Berlin, im August 1890.

Der Verfasser.

Inhaltsverzeichniss.

Einleitung.

Die Schwierigkeiten, welche sich einem erfolgreichen Betriebe auf den ersten langen Unterseekabeln entgegenstellten und
das Gelingen derartiger Unternehmungen fraglich zu machen
schienen, sind durch die Erfindung der als Empfangsapparate
verwendeten Spiegelgalvanoskope, noch mehr aber durch die Erfindung der Heberschreibapparate glücklich gehoben. Bei dem
heutigen Stande der unterseeischen Telegraphie lässt sich mit
Sicherheit annehmen, dass die Sorge bezüglich einer ausreichenden
Sprechgeschwindigkeit nicht mehr schwer in's Gewicht fallen
würde, wenn es sich darum handeln sollte, die Weltmeere in ihren
grössten Breiten mit einem Kabel zu durchkreuzen. Gegenüber
diesen Thatsachen erscheint es im ersten Augenblick auffallend,
dass immer neue Vorschläge auftauchen, welche eine Verbesserung
der Kabeltelegraphie bezwecken sollen. Erklärlich wird indessen ein
derartiges Bestreben der Elektrotechniker, wenn man die kompli-
zirte Einrichtung der Spiegelapparate und Heberschreiber, sowie
deren Behandlungsweise in Rücksicht zieht. Diese Empfänger
arbeiten nicht mit Strömen von bestimmter Stärke, sondern mit
Stromschwankungen. Das Ansteigen einer Stromwelle bedeutet
demnach den Beginn eines Zeichens, während der Rückgang des
Stromes die Beendigung kennzeichnet. Die augenblickliche Stromstärke, also die Höhe der Stromwelle über der Nulllage ist vollkommen gleichgültig. Die Geschwindigkeit der Zeichenfolge hängt

Müller, Kabelbetrieb. 2. Aufl   1 lediglich von der Zeit ab, innerhalb welcher eine ausreichend deutliche Aenderung der Stromstärke hervorgerufen werden kann, und diese Zeit ist selbst bei langen Kabeln nur kurz.

Der grosse Erfolg, welcher mit dem Thomson'schen Heberschreiber erreicht wurde, hatte Anlass gegeben, diesen Apparat möglichst zu vereinfachen, und gegenwärtig werden einige Mittelmeerkabel sowie diejenigen der Nordischen Telegraphen-Gesellschaft mit Heberschreibern betrieben, welche in Bezug auf Einfachheit der Bauart einen grossen Fortschritt bekunden. Diese Einfachheit hat sich allerdings nur auf Kosten der Empfindlichkeit erreichen lassen; immerhin genügen die vereinfachten Heberschreiber als Empfangsapparate für Kabel von 1000 bis 1500 km Länge.

Bezüglich der Einfachheit der Einrichtung sowie der Leichtigkeit der Bedienung hält indessen der einfachste Heberschreiber einen Vergleich mit dem Morseapparat nicht im Entferntesten aus, und daher erklärt sich das Bestreben, den Morseapparat auch für den Betrieb längerer Kabel dienstbar zu machen. Letzterer Apparat setzt jedoch ganz andere Betriebsbedingungen voraus.

Ein jeder elektromagnetische Empfänger erfordert bekanntlich eine bestimmte Stromstärke, bei welcher der Anker angezogen wird, und ebenso muss die Stromstärke bis auf eine bestimmte Grösse herabsinken, damit das Abfallen des Ankers eintreten kann. Dieses Einhalten bestimmter Stromstärken bildet das Hinderniss für einen schnellen Betrieb, und alle Hülfsmittel zur Beschleunigung der Sprechgeschwindigkeit gehen darauf hinaus, die Zeiten, welche der Strom zum ausreichenden Ansteigen und Abfallen erfordert, möglichst abzukürzen.

Nicht minder wichtig ist die Bauart der elektromagnetischen Empfänger sowie deren Einstellung, indem durch zweckentsprechende Regulirung der bewegenden Kräfte an Sprechgeschwindigkeit ganz erheblich gewonnen werden kann.

Die Bewegung der Elektricität in einem Stromleiter.

Wenn man den Anfang einer Telegraphenleitung, deren Ende mit Erde in Verbindung ist, vorübergehend an den Pol einer ebenfalls zur Erde abgeleiteten Batterie legt, so nimmt die Welle des ankommenden Stromes je nach der Beschaffenheit der Leitung, des Empfangsapparates und der Batterie eine verschiedenartige Form an. Besteht die Leitung aus einem kurzen, allseitig von leitenden Körpern möglichst fern gehaltenen Draht, und besitzt der Empfangsapparat keine Selbstinduction, so erhalten die Stromwellen eine rechtwinklige Form, wie Fig. 1. zeigt.

Fig. 1.

Erleidet dagegen der Strom durch Ladungserscheinungen oder Selbstinduction Verzögerungen, so rundet sich mit der Zunahme dieser Erscheinungen die eckige Form der Wellen immer mehr ab, und es lässt sich weder der Anfang noch das Ende der Stromgebung scharf erkennen, auch fällt die Höhe der Wellen je nach der Dauer des Stromschlusses verschieden aus. Streng genommen gehört die rechteckige Form der Stromwellen zu den Unmöglichkeiten, denn es giebt weder einen ladungsfreien noch selbstinductionslosen Leiter. Die gewöhnliche Form der Wellen ist daher diejenige mit abgerundeten Ecken. Bei oberirdischen Leitungen ist die Abrundung allerdings sehr viel geringer als bei unterirdischen Leitungen, denn bei letzteren treten die Verzögerungen in erheblich stärkerem Maasse auf. Die Natur dieser Erscheinungen ist aber bei beiden Leitungsarten vollkommen gleich, und demzufolge ist in den nachstehenden Be-

trachtungen von einer strengeren Unterscheidung in dieser Beziehung abgesehen worden. Die Figur 2 zeigt die am Ende eines

Fig. 2.

etwa 600 km langen Kabels ankommenden Stromwellen bei Abgabe
des Wortes „Berlin".

Einfluss der Form der Welle des ankommenden Stromes auf die Geschwindigkeit der Zeichenfolge.

Wenn am gebenden Ende einer Leitung der Strom bei dem
Zeitpunkte a — Fig. 3 — geschlossen wird, so wächst am empfangenden Ende der Strom, wie die Figur erkennen lässt, nur

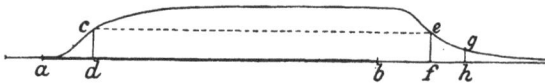

Fig. 3.

allmälig an. Ein daselbst eingeschalteter elektromagnetischer Empfangsapparat wird mithin erst eine gewisse Zeit nach erfolgtem
Stromschluss ansprechen, und zwar wird diese Zeitdauer von der
Empfindlichkeit des Apparates abhängen. Zieht letzterer seinen
Anker beispielsweise bei der Stromstärke $c\,d$ an, so ist $a\,d$ diejenige Zeit, welche zwischen der Abgabe eines Zeichens und dem
Erscheinen desselben am empfangenden Ende verstreicht. Man
hat diese Zeit die Verzögerung genannt; dieselbe hat indessen mit
der Verzögerung der Sprechgeschwindigkeit wenig gemein und
bildet keinen Maassstab für die letztere. Würde nämlich das Abfallen des Ankers im Empfänger beim Sinken des Stromes bis
unter die Grösse $e\,f = c\,d$ eintreten, so würde die Beendigung des
Zeichens sich um die Zeit $b\,f$ verzögern, wenn bei dem Zeitpunkt b
die Stromsendung am gebenden Ende aufhört. Unter Umständen kann
$b\,f = a\,d$ werden, und dann tritt eine Verzögerung der Sprech-

geschwindigkeit nicht ein, denn wenn auch zwischen dem Abgeben und dem Ankommen des Zeichens ein geringer Zeitunterschied liegt, so bleibt dieses ohne Belang für den ganzen Betrieb.
Die etwas verspätete Ankunft des Zeichens würde nur gleichbedeutend sein mit einer Verringerung der Fortpflanzungs-
geschwindigkeit des elektrischen Stromes. Durch Verwendung
elektromagnetischer Empfangsapparate gestaltet sich die Zeichenübermittelung erheblich ungünstiger. Ist der Empfänger derart
eingestellt, dass bei der Stromstärke cd der Anker angezogen wird,
so tritt das Abfallen des letzteren nicht sofort beim Sinken der
Stromstärke bis unter $cd = ef$ ein, denn der Anker befindet sich nunmehr in geringerer Entfernung von den Eisenkernen, er wird also von
letzteren erheblich stärker festgehalten, während die Federspannung
als gleichbleibend angenommen werden kann. Damit letztere den
Anker wieder abzuziehen vermag, muss die Stromstärke weit unter
diejenige von ef sinken. Es möge solches geschehen bei der Stromstärke gh, dann ist fh diejenige Zeit, um welche die Bildung
eines jeden Zeichens verlangsamt wird.

Unter der für die Sprechgeschwindigkeit in Frage kommenden
Verzögerung versteht man also diejenige Zeit, welche erforderlich
ist, damit in dem abfallenden Theil der Kurve die Stromstärke von
demjenigen Punkt, bei welchem die Anziehung des Ankers erfolgt,
bis zu demjenigen Punkt fällt, bei welchem der Anker abgerissen
wird.

Die Grösse der Verzögerung ist demnach abhängig von der
Steilheit der Kurve des ankommenden Stromes sowie von der
Eigenart der Empfangsapparate. Bezüglich der letzteren sei indessen bemerkt, dass die nachfolgenden Betrachtungen nicht für
die Heberschreibapparate und für das Relais von Allen und Brown
Gültigkeit haben, indem bei diesen Apparaten der Beginn und die
Beendigung eines Zeichens nicht von bestimmten Stromstärken,
sondern lediglich von der Aenderung einer vorhandenen, beliebig
hohen Stromwelle abhängig sind.

Behufs Erzielung einer möglichst grossen Sprechgeschwindigkeit haben wir mithin diejenigeu Mittel in Anwendung zu
bringen, durch welche der Kurve des ankommenden Stromes die er-
reichbar grösste Steilheit verliehen werden kann. Ferner sind als

Empfänger solche Apparate zu wählen, welche in elektromagnetischer Beziehung die vortheilhafteste Anordnung besitzen und die
günstigste Einstellung zulassen.

Die Kurve des ankommenden Stromes.

Auf die Steilheit der Kurve des ankommenden Stromes sind
von Einfluss:

a) der Widerstand und die Kapazität der Leitung,
b) das Material, aus welchem die Leitung gefertigt ist,
c) die Beschaffenheit der Stromquelle,
d) der Widerstand und die Selbstinduction der Empfangsapparate,
e) die Art der Entladung der Leitung am gebenden Ende.

Zu a. Die Steilheit der Kurve des ankommenden Stromes
nimmt ab mit dem Wachsen des Widerstandes sowie mit der
Kapazität der Leitung. Die Sprechgeschwindigkeit ist also unter
sonst gleichen Umständen umgekehrt proportional dem Produkt
aus Widerstand und Kapazität. Ist diese Geschwindigkeit bei
einer Leitung von bekannten elektrischen Eigenschaften einmal
ermittelt, so lässt sich die Sprechgeschwindigkeit für jede beliebige
Leitung im Voraus bestimmen, wenn man deren Widerstand und
Kapazität kennt.

Zu b. Nach dem Ergebniss neuerer Untersuchungen ist die
Selbstinduktion in Drähten je nach dem Material, aus welchem
dieselben gefertigt sind, eine ungleiche. Es ist allerdings noch
nicht gelungen, den Coeffizient der Selbstinduction für die verschiedenen Metalle mit Sicherheit zu bestimmen; indessen lassen
die Erfahrungen, welche man mit dem Wheatstone'schen Schnellschreiber auf den verschiedenen Leitungen gemacht hat, darauf
schliessen, dass die Selbstinduction in Eisen- und Kupferleitungen
unter sonst gleichen Umständen sich ungefähr wie 3 zu 2 verhält.
Die Kurve des ansteigenden Stromes wird demnach in Kupferleitungen steiler ausfallen, als in Eisenleitungen.

Zu c. Die Zeit, innerhalb welcher der Strom am Kabelende
den stationären Zustand erreicht, ist unabhängig von der elektromotorischen Kraft der Stromquelle; demzufolge wird die Kurve

des ankommenden Stromes um so steiler, je grösser die Zahl der
verwendeten Elemente ist. Der Widerstand der Batterie wirkt
dagegen verzögernd auf das Anwachsen des Stromes. Letzterer
erreicht seinen stationären Zustand um so später, je grösser der
Widerstand der Batterie im Verhältniss zu demjenigen des Kabels
ist. Die Kurve des ankommenden Stromes gewinnt daher um so
mehr an Steilheit, je grösser die elektromotorische Kraft der
Batterie und je kleiner ihr Widerstand ist.

Zu d. Wenn zwischen dem Kabelende und der Erde sich ein
grösserer Widerstand befindet, so wird hierdurch die Entladung
des Kabels nicht unerheblich verlangsamt; ebenso wirkt der
Widerstand verzögernd auf das Ansteigen des Stromes. Für den
Betrieb längerer Kabel werden aus diesem Grunde Empfangsapparate mit thunlichst geringem Widerstande verwendet. Eine
bestimmte Grösse für letzteren lässt sich nicht ohne Weiteres an-
geben, denn mit der Verringerung desselben gewinnt wohl die
Stromkurve an Steilheit, aber die Empfindlichkeit des Empfängers
nimmt dementsprechend auch ab. In der deutschen Reichs-
Telegraphenverwaltung geht man bei Leitungen mit grosser Kapazität auf Grund sorgfältiger Erprobungen nicht über 300 Ohm
Widerstand für den Empfänger. Auf das Ergebniss derartiger
praktischer Ermittelungen übt indessen die Eigenart eines jeden
Empfängers einen bedeutenden Einfluss aus und trübt die Richtig-
keit der ermittelten Werthe. Daher ist es nicht ausgeschlossen,
dass man bei Verwendung von Empfängern mit grösserem Widerstande aber anderer Bauart, ungeachtet der hiermit verbundenen
Verflachung der Stromwelle, dennoch eine Steigerung der Sprechgeschwindigkeit erzielen kann. Der Gebrauch des Hughes-Apparates
für den Kabelbetrieb ist übrigens schon eine Abweichung von der
oben angegebenen Widerstandsgrenze, denn aus technischen Gründen
hat man von der Nebeneinanderschaltung der Elektromagnetrollen
bei diesem Apparate absehen müssen und gebraucht denselben mit
hintereinandergeschalteten Rollen, deren Gesammtwiderstand etwa
1150 Ohm beträgt.

Die Selbstinduction der Empfangsapparate wirkt insofern
nachtheilig auf die Form der Stromwelle, als das Ansteigen derselben durch den Schliessungs-Extrastrom, welcher dem Linienstrome entgegenwirkt, eine Verzögerung erleidet. Der Oeffnungs-

Extrastrom hat gleiche Richtung mit dem Linienstrom; er verstärkt also den letzteren und verlangsamt dessen Verschwinden.

Die Selbstinduction wächst unter sonst gleichen Umständen mit der Umwindungszahl und der Eisenmasse, also mit der Empfindlichkeit des Empfängers und lässt sich ohne Nachtheil für letztere nicht verringern. Bei dem nämlichen Apparat ist ferner die Selbstinduction abhängig von dem Abstande zwischen dem Anker und dem Elektromagnete und kann durch Vergrösserung dieses Abstandes vermindert werden. Es hat dieses jedoch wegen der damit verbundenen Abnahme der Empfindlichkeit eine Grenze, welche durch das Trägheitsmoment des Ankers bedingt ist.

Zu e. Die Art der Entladung der Leitung am gebenden Ende nach jeder Stromsendung ist von ausserordentlichem Einfluss auf die Steilheit der Kurve des ankommenden Stromes. Der ungünstigste Fall tritt ein, wenn das Kabel nach jeder Stromsendung am gebenden Ende isolirt bleibt. Alsdann muss die ganze, im Kabel vorhandene Strommenge ihren Abfluss zur Erde am empfangenden Ende nehmen. Das Abfallen der Stromkurve erleidet hierdurch naturgemäss eine erhebliche Verzögerung. Das Gegentheil tritt ein, wenn nach jedem Tastendruck eine Verbindung der Leitung mit der Erde bewerkstelligt wird. Der grösste Theil der Strommenge im Kabel fliesst alsdann am gebenden Ende zur Erde ab, und die Stromkurve am empfangenden Ende erhält eine steilere Form. Von diesen günstigsten Betriebsbedingungen wird indessen fast allgemein abgesehen, da man aus Rücksichten auf den Telegramm-Beförderungsdienst die Möglichkeit der jederzeitigen Unterbrechung der Uebermittelung Seitens des empfangenden Amtes wahren will. Demzufolge wird in der Reichs-Telegraphenverwaltung auch für den Betrieb längerer Kabelleitungen die gewöhnliche Schaltung für Morse-Arbeitsstrom beibehalten. Die Entladung erfolgt hierbei jedesmal durch den eigenen Empfänger, und da derselbe verhältnissmässig geringen Widerstand besitzt, wird die Kurve des ankommenden Stromes nur in unmerklichem Grade abgeflacht. Aus dem Gesagten ergiebt sich, dass die Handhabung der Taste beim Kabelbetriebe mit besonderer Sicherheit erfolgen muss, und namentlich ist das jedesmalige Zurückführen derselben auf den Ruhekontakt von Wichtigkeit. Jede Unregelmässigkeit in 'dieser Hinsicht macht sich am empfangenden

Ende dadurch bemerkbar, dass einzelne Zeichen zusammenfliessen als Folge der mangelhaften Entladung am gebenden Ende. Um indessen die Entladung noch mehr zu beschleunigen, wird zuweilen nach jeder Stromsendung die Leitung für einen Augenblick mit der Erde in unmittelbare Verbindung gebracht. Hierzu dient die sogenannte Entladungstaste.

Wenn man nach jeder Stromsendung die Leitung nicht mit Erde, sondern mit dem entgegengesetzten Pole derselben Batterie oder einer gleich starken zweiten Stromquelle verbindet, gelangen wir zu dem Wechselstrombetriebe, welcher die steilsten Stromkurven liefert und daher die grösste Sprechgeschwindigkeit zulässt. Ein wesentlicher Nachtheil dieses Betriebes besteht aber darin, dass während der Abgabe von Telegrammen der eigene Empfänger ausgeschaltet werden muss. Die empfangende Anstalt ist also nicht in der Lage, während der Uebermittelung die gebende Anstalt unterbrechen zu können. Daher verdient der Gegenstromsender, welcher die Vortheile des einfachen Betriebes mit denjenigen des Wechselstrombetriebes verbindet, eine besondere Berücksichtigung.

Die Wirkungsweise des Gegenstromsenders beruht darin, dass nach jeder Stromgebung die Leitung für einen Augenblick an den entgegengesetzten Pol einer entsprechend bemessenen Batterie gelegt wird, wodurch eine fast vollständige Vernichtung des Entladungsstromes erreicht werden kann.

Die Welle des ankommenden Stromes fällt steiler aus, als bei der Entladung durch direkte Erdverbindung, aber nicht ganz so steil, wie bei reinem Wechselstrombetrieb.

Die Mittel zur Versteilerung der Stromwellen.

Die Mittel, welche uns zu Gebote stehen, um den ankommenden Stromwellen eine möglichst steile Form zu geben, sind nach dem Vorstehenden genau bekannt, jedoch unterliegen dieselben hinsichtlich ihrer Anwendung sehr engen Beschränkungen.

Zur Herstellung von Kabelleitungen wird ausnahmslos bester Kupferdraht verwendet; bei der Wahl seiner Stärke, sowie bei derjenigen der Isolirschicht fallen indessen Rücksichten mechanischer wie finanzieller Natur schwer ins Gewicht. Je vortheilhafter

ein Kabel in elektrischer Beziehung gefertigt ist, um so kostspie-
liger wird dasselbe.

Unter sorgfältiger Abwägung aller hierbei in Frage kommenden Umstände hat man sich in der Reichs-Telegraphenverwaltung für den allgemeinen Gebrauch von solchen Kabeln entschieden,
welche höchstens 6,8 Ohm Kupferwiderstand und 0,20 Mikrofarad
Kapazität auf ein Kilometer besitzen.

Was die Stromquelle für den Kabelbetrieb anbelangt, so lässt
sich allen diesbezüglichen Anforderungen, wenn auch mit gewisser
Umständlichkeit entsprechen.   Durch Nebeneinanderschaltung von
Batteriereihen kann der innere Widerstand der Stromquelle auf
jedes beliebig kleine Maass gebracht werden.   Als sehr vortheilhaft für den Betrieb haben sich die Sammlerbatterien erwiesen,
von welchen auf dem Haupt-Telegraphenamt in Berlin gegenwärtig
ein umfangreicher Gebrauch gemacht wird.

Auf Seite 6 unter c haben wir gesehen, dass die Zeit, innerhalb welcher der Strom seinen stationären Zustand erreicht, unabhängig ist von der elektromotorischen Kraft der Stromquelle.   Hat
letztere eine Klemmenspannung von 50 Volt, und ist a — Fig. 4 —

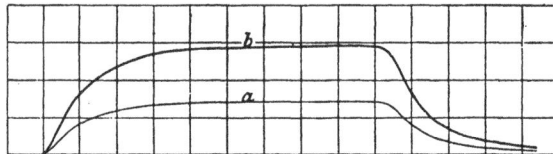

Fig. 4.

die Kurve des ankommenden Stromes bei dieser Spannung, so
nimmt die Stromkurve bei einer Batterie von 100 Volt die durch
die Kurve b dargestellte Form an.   Letztere zeigt sowohl im ersten
Ansteigen wie im ersten Abfallen einen weit steileren Verlauf als
die Kurve a und wäre aus diesem Grunde für den Telegraphen-
betrieb weit geeigneter, wenn nicht der Uebelstand wäre, dass,
dieselbe doppelt so hoch ansteigt als die Kurve a.

Dieses zu hohe Ansteigen vermindert den erstgenannten Vortheil insofern, als bei der Zeichenbildung die einzelnen Stromwellen auch wieder entsprechend tief herabsinken müssen, damit
der Empfänger noch ansprechen kann.

Was also auf der einen Seite gewonnen wird, geht andererseits wieder verloren.

Die Elektrotechnik bietet uns indessen verschiedenartige Hülfsmittel, durch welche die obere Kuppe der Stromwellen gewissermassen abgeschnitten werden kann. Es sind dieses diejenigen Mittel, durch welche die Bewegung der Elektricität entweder beschleunigt oder verzögert wird. Zu ersteren gehört der Kondensator in Verbindung mit einem grossen Widerstande, zu letzteren die Widerstandsrolle mit grosser Selbstinduction.

Ersteres Verfahren ist von Wheatstone zu einer hohen Vollkommenheit ausgebildet worden und wird in England vielfach angewandt.

Das letztere Verfahren hat auf den französischen unterirdischen Anlagen in Folge der Anregungen durch Godfroy neuerdings Anwendung gefunden.

Die Wheatstone'sche Schaltung zur Steigerung der Sprechgeschwindigkeit.

Wheatstone benutzt zur Steigerung der Sprechgeschwindigkeit die von Maxwell ermittelten Wechselbeziehungen zwischen der Selbstinduction eines Elektromagnetes und einem durch einen grösseren Widerstand geschlossenen Kondensator.

Er schaltet den Kondensator mit seinem Widerstande zwischen den Empfangsapparat und die Erde und wählt den Widerstand möglichst gross, jedenfalls nicht unter 6000 Ohm. Die Stromquelle am gebenden Amte wird alsdann derart bemessen, dass der Strom bei stationärem Zustande eine Stärke von etwa 0,008 Am. erreicht. Der Vorgang bei der Zeichengebung ist folgender:

Sobald in A — Figur 5 — ein Strom in die Leitung gesandt wird, wirkt der Kondensator K im ersten Augenblick wie ein Kurzschluss zwischen dem Punkte B und der Erde. Der Widerstand R_1 ist anfangs gewissermassen ausgeschaltet und wirkt daher nicht schwächend auf den Strom. Die elektromotorische Kraft der Batterie in A ist im Verhältniss zu dem Leitungswiderstand von A bis B sehr gross, und daher wächst der Strom sogleich zu einer bedeutenden Höhe an, so dass der in dem Elektromagnet L entstehende und schwächend wirkende Extrastrom nicht wesentlich

zur Geltung kommen kann. Der Magnetismus wird also unter dem
Einflusse der ersten und verhältnissmässig hohen Stromwelle sofort
nach dem Stromschluss die zur Bewegung des Ankers erforderliche

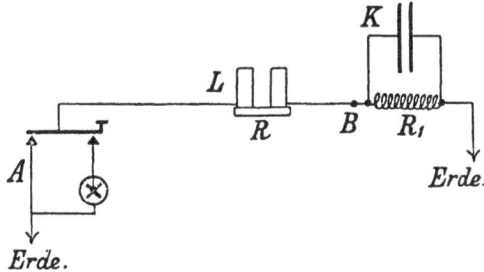

Fig. 5.

Stärke erreichen. Während dessen hat der Kondensator eine gewisse Ladung erhalten, und hiermit verringert sich seine Wirkung
als Kurzschluss, so dass der Widerstand R_1 immer mehr zur Geltung kommt. Ist der Kondensator voll geladen, so hat auch der
Strom seinen stationären Zustand erreicht.

Wenn die Leitung ohne den Kondensator und ohne Widerstand, aber mit entsprechend kleinerer Batterie betrieben wird, so
nimmt im Empfangsapparat der ansteigende Strom den in Fig. 6
punktirt gezeichneten Verlauf der Kurve a.

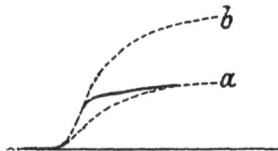

Fig. 6.

Die grosse Batterie würde bei Abwesenheit des Kondensators
und des Widerstandes die Stromkurve b erzeugen. Schaltet man
jedoch bei Anwendung der grösseren Batterie den Kondensator und
den Widerstand hinzu, so fällt während der kurzen Zeit bis zur
Ladung des Kondensators die Stromkurve mit der Kurve b zusammen. Nach erfolgter Ladung tritt der Widerstand in Wirksamkeit, und nun geht die Stromkurve in die Form der Kurve a
über, wie in der Figur angedeutet ist.

Wenn nun auf dem gebenden Amt der Strom unterbrochen wird, so hat der Extrastrom das Bestreben, das Verschwinden des Magnetismus im Elektromagnet zu verzögern. Die Entladung der Leitung unterstützt dieses Bestreben. Wäre also der Magnet sich selber überlassen, so würde zum Verschwinden des Magnetismus eine verhältnissmässig lange Zeit erforderlich werden. Nunmehr tritt aber der geladene Kondensator in Thätigkeit. Er entladet sich theilweise durch R_1 — Figur 5 — und theilweise durch L nach A. Auf letzterem Wege wirkt er dem Selbstinductionsstrom aus L sowie dem Entladungsstrome der Leitung entgegen. Bei

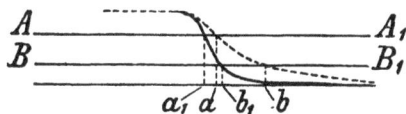

Fig. 7.

geeigneter Grösse von K und R_1 im Verhältniss zu L können beide Wirkungen sich soweit aufheben, dass das Verschwinden des Magnetismus im Eisen wesentlich beschleunigt wird. In der Figur 7 zeigt wieder die punktirt gezogene Kurve das Abfallen des Stromes im Elektromagnet bei Abwesenheit des Kondensators sowie des Widerstandes und bei Anwendung einer kleinen Batterie; die voll ausgezogene Linie giebt die durch den Kondensator versteilerte Kurve an. Der dem Elektromagnete nunmehr näher liegende Anker wird erheblich stärker angezogen, und damit derselbe wieder abfallen kann, muss die Stromstärke weit unter diejenige Grösse fallen, bei welcher das Anziehen des Ankers stattgefunden hat. Tritt letzteres in der Höhe der Linie AA_1 und ersteres in der Höhe von BB_1 ein, so ist $a\,b$ die Zeit der Verzögerung eines jeden Zeichens ohne den Kondensator, während unter Anwendung des letzteren die Verzögerung auf die Zeit $a_1\,b_1$ vermindert wird. Der Augenschein lehrt, wie vortheilhaft der Kondensator auf die Sprechgeschwindigkeit wirkt. Derselbe, in Verbindung mit einem passenden Widerstande zwischen Empfänger und Erde, ist hiernach vergleichbar mit einer an dieser Stelle vorhandenen Stromquelle, welche den Linienstrom im ersten Augenblick verstärkt und bei Unterbrechung desselben in die Leitung einen Gegenstrom

sendet, welcher den Rest des Linienstromes vernichtet. Diese
Stromquelle ist aber nicht immer gleichbleibend, sondern steht in
genauem Verhältniss zu der Stärke des jeweilig vorhandenen
Linienstromes. Ist also eine Stromwelle in der Leitung niedrig,
wie bei der Bildung eines Punktes, so ist der Selbstinductions-
und der Entladungstrom der Leitung ebenfalls gering. Dementsprechend hat sich der Kondensator nur wenig laden können,
seine Gegenwirkung ist daher auch entsprechend schwach. Bei
länger andauerndem Linienstrome, wie bei der Bildung eines
Striches, wird die Ladung des Kondensators grösser und damit
seine Gegenwirkung stärker. In diesem Abhängigkeitsverhältniss
beruht der grosse Vortheil des mit Widerstand versehenen Kondensators am empfangenden Ende der Leitung.

Hinsichtlich der Wechselbeziehung zwischen einem Kondensator und einem Elektromagnet gilt Folgendes: Wenn man den
Selbstinductionskoeffizienten eines Elektromagnetes von dem Widerstande R mit L bezeichnet, so wird die Zeit für das Steigen des
Stromes von Null auf die volle Stärke und ebenso für das Fallen
bis auf Null durch den Werth $\dfrac{L}{R}$ ausgedrückt. Schliesst man
einen Kondensator von der Kapazität K durch einen Widerstand
R_1 und durch eine Batterie, so steigt der Strom plötzlich auf eine
bedeutende Höhe an, welche je nach der Kapazität des Kondensators sich bis zur Höhe der Stromstärke bei Kurzschluss nähern
kann. Unmittelbar darauf fällt dieselbe auf ihre normale, vom
Widerstande und von der elektromotorischen Kraft abhängige
Grösse zurück. Schaltet man alsdann die Stromquelle aus, ohne
den Schliessungskreis zu unterbrechen, so verschwindet in letzterem der Strom nur allmälig. Die zur Entladung des Kondensators
erforderliche Zeit ist proportional dem Produkt KR_1. Bei Unterbrechung eines Stromes treten die Wirkungen der Selbstinduction
und der Entladung des Kondensators in entgegengesetzter Richtung
auf, beide Wirkungen können also bei geeigneter Abgleichung
von K und R_1 sich gegenseitig vernichten.

Die Werthe für die letzteren Grössen lassen sich in folgender
Weise berechnen.

Bezeichnet man mit E die elektromotorische Kraft zwischen
A und C — Fig. 8 — mit e_1 diejenige zwischen A und B, mit e_2

diejenige zwischen B und C, ferner mit a den Widerstand zwischen A und B und mit b denjenigen zwischen B und C, so ist

$$E : e_1 = a + b : a \text{ und}$$
$$E : e_2 = a + b : b \text{ oder}$$

$$e_1 = E \frac{a}{a + b} \text{ und } e_2 = E \frac{b}{a + b}.$$

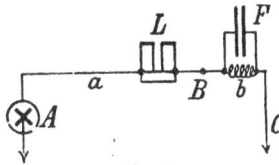

Fig. 8.

Die Quantität Q der Ladung im Kondensator von der Kapazität F ist bei der elektromotorischen Kraft e_2

$$Q = e_2 F = E F \frac{b}{a + b}.$$

Die Entladung des Kodensators erfolgt sowohl durch b wie durch a, und es ist die Quantität q_1, welche auf letzterem Wege abfliesst,

$$q_1 = Q \frac{b}{a + b} = E F \frac{b^2}{(a + b)^2}.$$

Bezeichnet ferner L den Selbstinductions-Koeffizienten des Elektromagnetes, so ist die elektromotorische Kraft der Selbstinduction gleich Stromstärke mal L oder gleich $\dfrac{L E}{a + b}$. Die Quantität q_2 der Selbstinduction wird daher

$$q_2 = \frac{L E}{a + b} \cdot \frac{1}{a + b} = L E \frac{1}{(a + b)^2}.$$

Soll $q_1 = q_2$ werden, so muss sein

$$E F \frac{b^2}{(a + b)^2} = L E \frac{1}{(a + b)^2} \text{ oder } F b^2 = L.$$

Es ergiebt sich hieraus, dass durch entsprechende Regulirung von F und b die verzögernde Wirkung von L wenigstens annähernd aufgehoben werden kann. Die Wahl der passenden Grössen für F und b wird auf folgende Weise ausgeführt.

Durch unmittelbaren Versuch, bezw. durch Messung wird diejenige Ablenkung der Galvanoskopnadel ermittelt, welche einer

Stromstärke von 0,008 Am. entspricht. Der betreffende Ausschlag-
winkel wird für jedes Galvanoskop besonders bestimmt. Nun lässt
man behufs Regulirung die Taste auf dem entfernten Amt drücken
und ändert den künstlichen Widerstand so lange, bis das Galvanoskop einen Strom von 0,008 Am. anzeigt. Alsdann lässt man
schnell folgende Zeichen geben und verändert die Kapazität des
Kondensators so lange, bis die Morse-Zeichen deutlich erscheinen.
Die Ermittelung der passenden Kapazität beruht also lediglich auf
einem Ausprobiren gerade so wie bei der Wahl der passenden
Spannung einer Abreissfeder.

Sobald das eine Amt die richtige Einstellung ausgeführt hat,
wird das nämliche Verfahren auch von dem anderen Amte ein-
geschlagen.

Die Steigerung der Sprechgeschwindigkeit durch Inductionsrollen nach F. Godfroy.

Wie Wheatstone das zu hohe Ansteigen der Stromwellen
durch einen mit grossem Widerstande versehenen Kondensator
verhindert, hat F. Godfroy das nämliche Ziel mit Hülfe geeigneter
Nebenschliessungen von grosser Selbstinduction erreicht, welche
an beiden Kabelenden dauernd zur Erde gelegt sind. Erforderlich
ist auch für diese Schaltungsweise eine erheblich stärkere Batterie.

Betrachten wir zunächst die Wirkungsweise einer nur am
gebenden Ende vorhandenen Abzweigung zur Erde.

Sobald auf der Stelle I — Fig. 9 — die Linienbatterie geschlossen wird, bieten sich dem Strome an dem Punkte a zwei
Wege von ganz entgegengesetzten Eigenschaften dar. Das Kabel

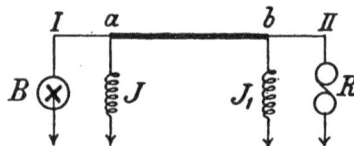

Fig. 9.

bildet einen grossen Behälter, in welchen sich die Elektricität mit
ausserordentlicher Heftigkeit ergiesst. Die Widerstandsrolle J,

welche eine möglichst grosse Selbstinduction besitzen muss, lässt
sich dagegen mit einem Abflusswege vergleichen, an dessen Anfang besondere Hindernisse dem Eindringen des Stromes einen erheblichen Widerstand entgegensetzen, welcher erst durch die Ge-
walt des Stromes aus dem Wege geräumt werden mus. Im ersten
Augenblick des Stromschlusses findet also nicht eine Theilung des
Stromes nach dem entsprechenden Verhältniss der beiden Leitungs-
widerstände statt, sondern es steigt der Strom im Kabel zuerst
sehr steil an und zwar so lange, bis das Hinderniss der Selbstinduction im Nebenwege J überwunden ist. Erst dann geht der
Strom in den stationären Zustand über. Die Form der Kurve des
ansteigenden Stromes ist genau die nämliche wie bei Anwendung
eines Kondensators am Kabelende. Wenn bei halber Batterie-
stärke und ohne die Verzweigung zur Erde der ankommende Strom
die Kurve a — Figur 6, Seite 12 — und bei grosser Batterie die
Kurve b beschreiben würde, so wird bei Anwendung der Inductionsrolle J, deren Widerstand beispielsweise gleich demjenigen der
Batterie sein möge, in folgender Weise abgeändert. Im ersten
Augenblick des Stromschlusses steigt der Strom im Kabel so an,
als wenn der Widerstand J nicht vorhanden wäre; im Anfang fällt
also die Kurve mit der Kurve b — Figur 6 — zusammen. Unmittelbar darauf ist der Widerstand der Selbstinduction überwunden, und nun geht die Kurve unter scharfer Umbiegung
in den stationären Verlauf, also in die Kurve a über.

Das Verhältniss zwischen den Höhen der beiden Kurven b
und a ist abhängig von dem Verhältniss des Batteriewiderstandes
zu demjenigen der Inductionsrolle, und die Umbiegung der
Kurve wird um so schärfer, je grösser die Selbstinduction der
Rolle J ist.

Die Wirkung der Rolle J_1 am Ende des Kabels ist die nämliche wie diejenige von J. Der aus dem Kabel ankommende verhältnissmässig starke Strom findet an dem Punkte b wiederum
zwei Wege vor. Es findet nochmals eine Theilung des Stromes
statt, und zwar wird das erste Ansteigen des Zweigstromes in R
ebenfalls steiler ausfallen, da die Selbstinduction der Rolle J_1
weit grösser ist als diejenige des Elektromagnetes R. Beim Uebergange in den stationären Zustand tritt wiederum ein scharfes Um-
biegen der Kurve ein.

Das Verhältniss zwischen dem Widerstande sowie der elektromotorischen Kraft der Batterie und dem Widerstande der Inductionsrollen ist derart zu bemessen, dass der auf der Empfangs-
stelle ankommende Strom im stationären Zustande die zur sicheren
Bewegung der Apparate erforderliche Stärke erreicht.

Aus den Sromkurven der Figur 10 lässt sich die Wirkung
der Inductionsrollen deutlich erkennen. Der Streifen I zeigt

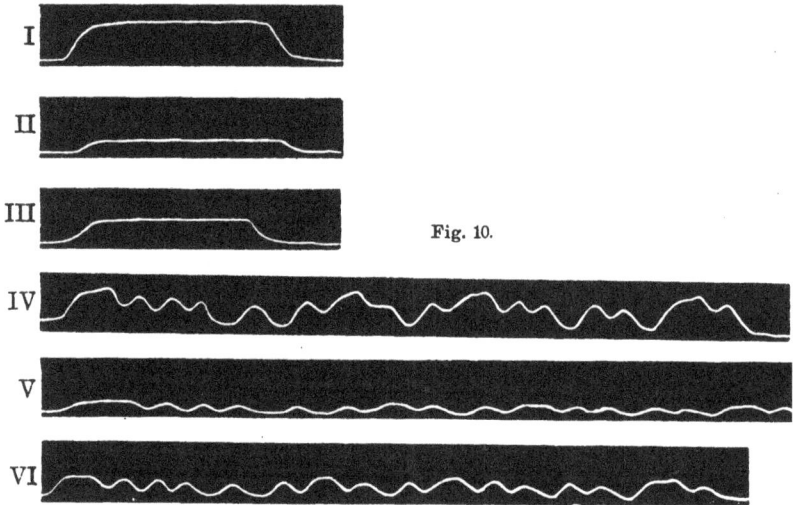

Fig. 10.

die Kurve des ankommenden Stromes in der Kabelschleife Berlin—
Hamburg—Berlin, deren Widerstand 4190 Ohm und deren Kapa-
cität 152 Mikrofarad beträgt. Die Stromquelle hatte 47 Volt
Klemmenspannung und 300 Ohm inneren Widerstand. Am Ende
des Kabels war ausser dem Russschreiber ein parallel geschaltetes
Siemens'sches Relais von 280 Ohm Widerstand vorhanden. Der
Streifen IV zeigt den Verlauf des Stromes bei Abgabe des
Wortes „Berlin" in der gewöhnlichen Schaltung. Wie die Wellen
erkennen lassen, steigt der Strom bei der Darstellung der Morse-
Striche sehr hoch an, während die Morse-Punkte erheblich niedriger
bleiben. Der Anblick der Kurve zeigt uns auch, dass hierbei ein
Relais die Zeichen nicht mehr wiedergeben könnte.

Es wurde alsdann nur am gebenden Ende die eine Hälfte der
Umwindungen eines gewöhnlichen Fernsprechübertragers als Neben-

schluss zum Kabel angelegt. Der Widerstand betrug 132 Ohm,
die übrigen Verhältnisse blieben ungeändert. Bei der nämlichen
Empfindlichkeit des Russschreibers wurde für den ankommenden
Strom die Kurve auf dem Streifen II erhalten, und der Streifen V
zeigt die Stromwellen bei Abgabe des Wortes „Berlin". Die
Streifen III und VI sind unter den nämlichen Verhältnissen wie
die Streifen II und V gewonnen, nur ist dem Russschreiber eine
etwas grössere Empfindlichkeit gegeben worden. Wie aus den
beiden Kurven V und VI hervorgeht, erheben sich die Stromwellen bei den Strichen nur wenig über diejenigen der Punkte,
und eine Zeichenübermitteluug könnte noch möglich sein, da eine
durch die ganze Kurve gelegte gerade Linie sämmtliche Stromwellen durchschneiden würde. Durch die Zufügung einer zweiten
Rolle am Kabelende erhalten die Stromwellen eine noch günstigere
Gestaltung.

Betrachten wir nunmehr die Wirkungsweise der Inductionsrollen beim Aufhören der Stromgebung und zwar zunächst am gebenden Ende. Das Kabel möge mit $+ E$ geladen sein. Sobald
der Strom unterbrochen wird, hat die $+ E$ des Kabels das Bestreben, aus dem Kabel zurück- und durch J sowie durch R ab-
zufliessen — Fig. 11 —. In J ist aber nach der Stromunter-

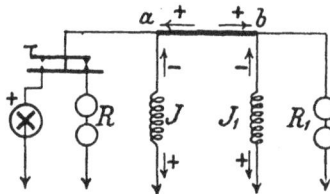

Fig. 11.

brechung ebenfalls elektromotorische Kraft vorhanden. und zwar
hat die $+ E$ die Richtung zur Erde, während die $- E$ nach dem
Punkt a strömt. Letztere findet hier entgegenkommende $+ E$ des
Kabels vor, und sind beide Elektricitätsmengen gleich gross, so
heben sich dieselben auf; alsdann kann auch in R ein Strom nicht
auftreten. Bei geringerer Selbstinduction der Rolle J wird die
$+ E$ des Kabels nicht vollständig aufgehoben, und dann nimmt
ein Theil derselben seinen Weg von a über die Taste und durch

R zur Erde. Der Rückstrom ist alsdann nur entsprechend geschwächt.

Ist schliesslich die Selbstinduction der Rolle J im Verhältniss zur Kapacität des Kabels sehr gross, so überwiegt die aus J nach a strömende $-E$. Die $+E$ des Kabels wird nicht allein vollständig gebunden, sondern es fliesst nach beiden Seiten von a der Rest der $-E$ ab, und in R tritt ein Strom auf, welcher die entgegengesetzte Richtung des Entladungsstromes hat; das Relais spricht also an. Das günstigste Verhältniss liefert selbstverständlich der erste Fall.

Die Wirkung der Inductionsrolle am empfangenden Ende ist die gleiche. Nach der Unterbrechung des Stromes am gebenden Ende muss die im Kabel am empfangenden Ende noch vorhandene $+E$ abfliessen. Nunmehr entsteht auch in J_1 ein Strom, und zwar geht die $+E$ zur Erde, während die $-E$ sich nach b bewegt. Bei passendem Verhältniss der Selbstinduction von J_1 wird die $+E$ des Kabels vollständig aufgehoben, das letztere also sehr schnell entladen. Das Relais R_1 wird demnach seinen Anker viel früher loslassen, da die Kurve des ankommenden Stromes steiler verläuft.

Durch die Aufzeichnungen der Stromvorgänge mit dem Russschreiber hat das im Vorstehenden Gesagte volle Bestätigung erfahren.

Die Kabelschleife Berlin—Hamburg—Berlin wurde an beiden Enden mit parallel geschalteten Relais von Siemens verbunden, und ausserdem wurde am gebenden Ende zwischen Relais und Erde der Russschreiber gelegt, welchem bei allen Aufzeichnungen die gleiche Empfindlichkeit belassen wurde.

Beim Abgeben von Morsezeichen nahmen demnach die Entladungströme ihren Weg durch das eigene Relais und den Russschreiber zur Erde.

Der Streifen I — Figur 12 — zeigt die Entladungsströme bei Abgabe des Wortes „Berlin“ und bei Verwendung einer Linienbatterie von 50 Kupferelementen.

Wurden alsdann an beiden Kabelenden je eine Drahtrolle mit grosser Selbstinduction von 500 Ohm angelegt, so ergaben sich bei 50 Elementen für die Entladungsströme die Kurven des Streifens II. Wie letztere erkennen lassen, ist die Richtung dieser Entladungsströme denjenigen im ersten Falle entgegengesetzt, dieselben sind also nicht allein aufgehoben, sondern sogar umgekehrt worden,

Fig. 12.

und hieraus ist zu folgern, dass die Selbstinduction der Drahtrollen im Verhältniss zur Kapazität des Kabels zu gross gewesen ist.

Wurden an Stelle der Inductionsrollen gleichwerthige Widerstände ohne Selbstinduction gelegt, so ergaben sich die Kurven des Streifens III. Die Entladungsströme hatten also ihre gewöhnliche Richtung, nur waren dieselben schwächer wie im Falle I.

Alsdann wurde am gebenden Ende eine Drahtrolle von geringerer Selbstinduction und von 250 Ohm Widerstand angewandt; ausserdem wurden weitere 250 Ohm Rheostatwiderstand zugeschaltet, um den Gesammtwiderstand gleich zu erhalten. Für den Entladungsstrom ergab sich die fast gerade Linie auf dem Streifen IV. Die Entladung ist fast vollständig vernichtet. Aus den geringen Erhebungen geht hervor, dass die Selbstinduction der Drahtrolle im Verhältniss zur Kapazität des Kabels noch etwas kleiner hätte sein können.

Die Streifen V, VI und VII zeigen die Entladungsströme bei den nämlichen Verhältnissen wie unter den Fällen II, III und IV, nur wurde an Stelle der Linienbatterie von 50 Kupferelementen eine solche von 100 Kupferelementen verwendet.

Vergleich zwischen der Schaltungsweise von Wheatstone und derjenigen von Godfroy.

Die beiden in der Wahl der Mittel so verschiedenen Schaltungsweisen führen zu dem nämlichen Ergebniss, nämlich zur Erzielung möglichst steiler Stromwellen. Bei beiden Methoden lässt sich dieses nur unter Anwendung verhältnissmässig grosser Linienbatterien ermöglichen. Während Wheatstone sogleich zum Wechselstrome übergeht, beschränkt Godfroy seine Methode vornehmlich auf den Betrieb mit gleichgerichteten Strömen. Für den ankommenden Strom ist dieses insofern von wesentlichem Unterschiede, als bei gleicher Elementenzahl der Wechselstrombetrieb eine doppelt so steile Kurve liefert. Durch den Wheatstone'schen Sender wird nämlich ein und dieselbe Batterie abwechselnd mit ihren verschiedenen Polen an die Leitung gelegt, wobei der andere Pol jedesmal zur Erde geführt wird. Die Kurve des ankommenden Stromes hat alsdann die nämliche Gestalt, als wenn eine doppelt so starke Batterie einen Strom in nur einer Richtung liefert. Bei einem Vergleich bezüglich der Leistungsfähigkeit beider Methoden ist dieser Umstand wohl zu berücksichtigen, und ein zutreffendes

Ergebniss lässt sich nur dann erreichen, wenn für die Schaltung von Godfroy die doppelte Elementenzahl genommen wird.

Dieser Umstand spricht scheinbar zu Ungunsten der letztgenannten Schaltung. Thatsächlich gewährt aber das Wheatstone'sche System weder eine Ersparniss an Batteriematerial — was übrigens für den Kabelbetrieb gar nicht ins Gewicht fallen könnte — noch eine Ersparniss an Raum für die Batterie. Im Gegentheil wird der Bedarf an Batteriematerial wie an dem erforderlichen Raum erheblich grösser, sobald mehrere Leitungen mit der Wheatstone'schen Schaltung ausgerüstet werden sollen, denn für jede Leitung ist eine besondere Batterie aufzustellen, während die Schaltung von Godfroy auch die Verwendung gemeinschaftlicher Batterien zulässt. Die letztere Betriebsweise bietet zudem den grossen Vortheil, dass die gebende Stelle jederzeit unterbrochen werden kann, was bei der Wheatstone'schen Schaltungsweise nicht angängig ist, da beim Geben der eigene Empfänger ausgeschaltet sein muss. Auch hinsichtlich der Einrichtung von Uebertragungsstellen ist der Vortheil auf Seiten der Schaltung von Godfroy. An der gewöhnlichen Uebertragung für Morse-Arbeitstrom ist keine weitere Aenderung erforderlich, und nur ein Nebenschluss mit hoher Selbstinduction wird an jedes Kabelende dauernd angelegt.

Die Uebertragung für den Wheatstone'schen Wechselstrombetrieb mit Kondensator ist dagegen überaus verwickelt und bedarf der fortwährenden Ueberwachung. Einen ungefähren Begriff hiervon bekommt man bei Berücksichtigung des Umstandes, dass nach englischen Mittheilungen für die Bedienung von vier Uebertragungen eine Beamtenkraft voll in Anspruch genommen werden soll. Hiernach lässt sich wohl annehmen, dass der Godfroy'sche Nebenschluss demnächst eine wichtige Rolle im Betriebe von Kabelleitungen sowohl mit Morse-, wie mit Hughesapparaten, bei letzteren jedoch nur für die Uebertragungen, einzunehmen geeignet erscheint.

Hiermit wären die Mittel zur Erzielung einer möglichst steilen Welle für den ankommenden Strom erschöpft, und es bleibt nunmehr zu untersuchen, von welchem Einflusse die Bauart der Empfangsapparate auf die Telegraphir-Geschwindigkeit ist. Wenden wir uns zu der

Theorie der elektromagnetischen Empfangsapparate.

a. Das nicht polarisirte Relais.

Der Anker dieses Relais erhält seine hin- und hergehende Bewegung durch die Anziehungskraft des Elektromagnetes und durch die Spannfeder. Es sei die kleinste Entfernung des Ankers von den Eisenkernen gleich a und die Grösse des Ankerhubes gleich b. Die Zugkraft f der Spannfeder kann in beiden Ankerstellungen als gleichbleibend angenommen werden. Die Anziehungskraft zwischen Anker und Eisenkernen bei der Ankerhubhöhe b ist nach bekannten Gesetzen gleich $\dfrac{m^2}{(a+b)^2}$ oder, da der Magnetismus m proportional der Stromstärke S ist, gleich $\dfrac{S^2}{(a+b)^2}$.

Wenn der Anker angezogen werden soll, muss $\dfrac{S^2}{(a+b)^2} > f$ werden.

Bei Gleichheit dieser beiden Kräfte befindet sich der Anker in labilem Gleichgewicht. Die Stromstärke ist in diesem Falle

$$S^2 = (a+b)^2. f, \text{ also } S = (a+b)\,\sqrt{f}.$$

Der angezogene Anker wird bei seiner unteren Stellung wieder in labiles Gleichgewicht gerathen, wenn die Stromstärke sich so weit vermindert, dass die nunmehrige Anziehungskraft $\dfrac{S_1^2}{a^2}$ bis auf die Grösse f herabsinkt, oder wenn $\dfrac{S_1^2}{a^2} = f$ wird. Hieraus ist $S_1 = a\,\sqrt{f}.$

Wir haben im Vorstehenden gesehen, dass die Telegraphir-Geschwindigkeit um so grösser wird, je mehr die beiden Stromstärken S und S_1 sich nähern. Das Verhältniss zwischen S und S_1 bildet demnach den besten Maassstab für die Leistungsfähigkeit eines Relais. Abgesehen von der ganzen Bauart ist bei einem jeden Relais das Verhältniss von S zu S_1 abhängig von den Grössen a und b, also von der augenblicklichen Einstellung. Die beiden Stromstärken werden sich um so näher kommen, je kleiner b und je grösser a wird. Für beide Grössen sind bestimmte Grenzwerthe einzuhalten, und zwar muss der Ankerhub noth-

wendigerweise so gross bemessen werden, dass bei dem Anker-
spiel eine unbedingt sichere Trennung der Kontakte eintritt. Es
bleibt mithin noch der Werth von a möglichst gross zu gestalten.
Mit dem Wachsen desselben vermindert sich die auf den Anker
bewegend wirkende Kraft, und demzufolge ist das Trägheitsmoment des letzteren wohl in Rücksicht zu ziehen. Bei einem
gegebenen Apparat hängt mithin der Grenzwerth für a lediglich
von der magnetisirenden Kraft, also von der verfügbaren Stromstärke ab, und es ergiebt sich als Regel für die Einstellung, dass
die Telegraphir-Geschwindigkeit wächst mit der Vergrösserung des Ankerabstandes und mit der Verminderung des Ankerhubes.

Hiernach beantwortet sich auch die Frage nach dem zweck-
mässigsten Relais dahin, dass man derjenigen Bauart den Vorzug
wird zuerkennen müssen, welche bei noch ausreichender Kraft den
grössten Abstand zwischen Anker- und Eisenkernen zulässt, oder
mit anderen Worten, bei welcher die Eisenkerne mit einer
gegebenen Menge von bestimmtem Draht bei gleicher
Stromstärke den meisten Magnetismus annehmen.

b. Das deutsche polarisirte Relais.

Es sei wiederum der kleinste Ankerabstand gleich a und die
Hubhöhe gleich b. Der durch den Stahlmagnet in den Eisenkernen
durch Mittheilung erregte Magnetismus möge die Grösse n besitzen,
wogegen der Strom in den unmagnetisch gedachten Kernen den
Magnetismus m erzeugen möge.

Wenn das Relais auf Anziehung wirkend eingeschaltet ist,
gilt für die obere labile Gleichgewichtslage der Ausdruck
$f = \dfrac{(m + n)^2}{(a + b)^2}$ oder, indem man für m die Stromstärke S setzt,
$f = \dfrac{(S + n)^2}{(a + b)^2}$. Hieraus ist $S = (a + b) \sqrt{f} - n$.

Bei Eintritt des labilen Gleichgewichts in der unteren Anker-
stellung ist $f = \dfrac{(S_1 + n)^2}{a^2}$ oder $S_1 = a \sqrt{f} - n$.

Wenn dem Ankerhube b der zulässig kleinste Werth gegeben
ist, werden die beiden Stromstärken S und S_1 sich um so näher
kommen, je grösser a wird. Aber auch die Stärke des verblei-

benden Magnetismus n wirkt bestimmend auf das Verhältniss zwischen S und S_1. Letzteres wird mit der Vergrösserung von n an Ungleichheit zunehmen, dagegen bei dem Werthe $n = o$ der Gleichheit am nächsten kommen. Im letzteren Falle verliert das Relais seine Eigenart als polarisirter Empfänger und verhält sich wie ein gewöhnliches Relais.

Es folgt hieraus, dass in allen denjenigen Fällen, in welchen die Betriebsbedingungen auch die Verwendung nicht polarisirter Relais zulassen — wenn auf Entladungsströme nicht gerücksichtigt werden braucht —, das polarisirte deutsche Relais von den gewöhnlichen Relais an Leistungsfähigkeit übertroffen werden kann, denn es gelingt nicht, den permanenten Magnetismus der Eisenkerne mittels des Schwächungsankers vollständig auf Null zu bringen.

Wenn das Relais auf Abstossung wirkend eingestellt ist, wird bei Eintritt der labilen Gleichgewichtslage in der unteren Ankerlage

$$f = \frac{(n - S)^2}{a^2} \text{ oder } S = n - a \sqrt{f}.$$

Bei der oberen labilen Gleichgewichtslage ist

$$f = \frac{(n - S_1)^2}{(a + b)^2} \text{ oder } S_1 = n - (a + b) \sqrt{f},$$

wobei natürlich S_1 kleiner als S sein muss. Beide Ströme nähern sich um so mehr, je kleiner b und je grösser a gemacht wird. Insoweit haben wir das nämliche Ergebniss wie im vorhergehenden Falle.

Hinsichtlich der Stärke des Magnetismus n gilt indess das Gegentheil. Die Ausdrücke $S = n - a \sqrt{f}$ und $S_1 = n - (a + b) \sqrt{f}$ zeigen, dass n stets grösser als derjenige Magnetismus sein muss, welcher vom Strome erregt wird. Ferner lässt sich daraus folgern, dass mit der Verstärkung von n die Ströme S und S_1 sich immer näher kommen. Ein kräftiger permanenter Magnetismus in den Elektromagnetschenkeln vergrössert demnach die Leistungsfähigkeit des auf Abstossung wirkenden Relais. Wenn man das nämliche Relais für die gleiche Betriebsart auf zweierlei Weise einstellen kann, nämlich entweder auf Anziehung oder auf Abstossung wirkend, so drängt sich uns unwillkürlich die Frage auf, welcher von beiden Einstellungen ist der Vorzug zu geben. Massgebend für die Entscheidung ist die Stärke des ankommenden Stromes. Wir haben gesehen, dass bei dem auf Anziehung wirkenden Relais die grösste Leistungsfähigkeit erzielt wird, wenn der permanente Magnetismus der Eisenkerne mittels des Schwächungsankers möglichst aufgehoben wird. Nun gelingt solches nicht vollständig, und der noch verbleibende Magnetismus ist selbst bei ganz vorgeschobenem Schwächungsanker nicht unbedeutend, so dass der Werth von n in der Formel $S = (a + b)\sqrt{f} - n$ keineswegs vernachlässigt werden kann. Ist der Strom S an sich schon klein, so kann der Ankerabstand ebenfalls nur klein gemacht werden, indem der Spannfeder f eine genügende Stärke zur Ueberwindung des Trägheitsmoments und der Axenreibung belassen bleiben muss. Das Verhältniss von S und S_1 wird in diesem Falle ein recht ungünstiges. Ist dagegen das Relais auf Abstossung eingestellt, und machen wir n so gross wie irgend angänglich, so wird in den allermeisten Fällen der permanente Magnetismus der Eisenkerne sehr viel grösser sein, als der durch den schwachen Strom erregte Magnetismus. Um die Gleichung $S = n - a\sqrt{f}$ zu erhalten, ist der Werth $a\sqrt{f}$ dementsprechend zu vergrössern, und wenn wir die Spannfeder f so weit nachlassen, dass der Anker noch ausreichend sicher bewegt wird, lässt sich der Ankerabstand a recht gross machen, was mit einer Steigerung der Sprechgeschwindigkeit gleichbedeutend ist. Wollte man indessen beim Arbeiten mit starken Strömen das Relais auf Abstossung einstellen, so würde nach dem Tastendruck die Anziehungskraft erheblich herabsinken, und unter Umständen könnten die Eisenkerne selbst den entgegengesetzten Magnetismus annehmen. Der Anker würde hierbei allerdings abfallen, aber nach dem Aufhören des Tastendruckes würde eine erheblich längere Zeit erforderlich werden, bis die zum Heranholen des Ankers nothwendige Anziehungskraft sich in den Eisenkernen entwickelt hätte. Je kleiner die ankommenden Ströme sind im Verhältniss zu n, in desto engeren Grenzen bewegt sich die Aenderung des Magnetismus, und je geringer diese Aenderungen sind, in desto kürzeren Zeiten vollziehen sich dieselben.

Aus dem Vorstehenden ergiebt sich, dass beim Arbeiten mit schwachen Strömen der Gebrauch des Relais auf Abstossung das günstigere Ergebniss liefert, dass dagegen für stärkere Ströme sich die Einstellung auf Anziehung empfiehlt. Im Allgemeinen kann man sagen, dass die zum Betriebe der grossen unterirdischen Linien gewählten Stromstärken im Hinblick auf die bezüglichen Relais zu den schwächeren gerechnet werden können. Eine Einstellung der letzteren auf Abstossung würde die Sprechgeschwindigkeit in den Kabelleitungen steigern; die Regulirung ist indessen wegen des entgegengesetzten und ungewohnten Ankerschlages schwieriger.

c. Das polarisirte Relais von Siemens.

Die kleinste Entfernung des Ankers von dem Nordpol N_1 sei gleich a, diejenige von dem Nordpol N_2 gleich b und der Ankerhub gleich c. Es sei ferner der permanente Magnetismus in den Eisenkernen gleich n und der von dem Strome S in den unmagnetisch gedachten Eisenkernen hervorgerufene Magnetismus gleich m.

Liegt der Anker gegen N_1, so ist die Anziehungskraft von diesem Pole gleich $\dfrac{n^2}{a^2}$, während der Nordpol N_2 mit der Kraft $\dfrac{n^2}{(b+c)^2}$ anziehend wirkt. Die Differenz beider Grössen ergiebt die resultirende Kraft $\dfrac{n^2}{a^2} - \dfrac{n^2}{(b+c)^2}$, mit welcher der Anker von N_1 festgehalten wird. Durch Hinzutreten eines Stromes S von entsprechender Richtung, bei welcher die Anziehungskraft von N_2 gesteigert und diejenige von N_1 geschwächt wird, ändern sich die Kräfte für N_2 in $\dfrac{(n+S)^2}{(b+c)^2}$ und für N_1 in $\dfrac{(n-S)^2}{a^2}$. Bei Eintritt des labilen Gleichgewichts während des Anliegens gegen N_1 wird

$$\frac{(n+S)^2}{(b+c)^2} = \frac{(n-S)^2}{a^2}.$$

Hieraus ist $S = n. \dfrac{b-a+c}{a+b+c}$.

Nach dem Abfallen des Ankers gegen den Pol N_2 wirkt letzterer bei veränderter Stromstärke S_1 mit der Kraft $\dfrac{(n+S_1)^2}{b_2}$ und N_1 mit der Kraft $\dfrac{(n-S_1)^2}{(a+c)^2}$.

Erreicht S_1 diejenige Stärke, bei welcher das labile Gleich-gewicht in der anderen Lage eintritt, so ist $\dfrac{(n + S_1)^2}{b^2} = \dfrac{(n - S_1)^2}{(a + c)^2}$

oder $S_1 = n \cdot \dfrac{b - a - c}{a + b + c}$.

Die Ströme S und S_1 nähern sich mit der Verminderung von c sowie mit dem Wachsen der Differenz $b - a$, d. h. mit dem vermehrten Hinausrücken des Ankers aus der Mittellage zwischen beiden Eisenkernen; dagegen ist die Stärke des Magnetismus n bei gleichbleibendem Werthe von a, b und c ohne Einfluss auf das Verhältniss zwischen S und S_1, indem n in beiden Gleichungen als Factor und nicht als Summand erscheint.

Wie sich aus den Formeln ferner ergiebt, muss der perma-nente Magnetismus n der Eisenkerne grösser als derjenige Mag-netismus sein, welcher durch den Strom in den unmagnetisch ge-dachten Kernen erregt wird, denn sowohl $\dfrac{b - a + c}{a + b + c}$ wie $\dfrac{b - a - c}{a + b + c}$ sind echte Brüche. Wenn n mit Rücksicht auf den ankommenden Strom sehr stark ist, muss der Zähler $b - a + c$ in der Gleichung

$S = n \cdot \dfrac{b - a + c}{a + b + c}$ möglichst klein, also a annähernd gleich b ge-macht werden, damit das labile Gleichgewicht durch S überwunden werden kann. Wir haben vorher gesehen, dass die Leistungs-fähigkeit des Relais zunimmt mit dem Wachsen der Differenz $b - a$. Macht nun eine zu geringe Stromstärke oder ein zu starker per-manenter Magnetismus es erforderlich, die Grösse $b - a$ klein zu wählen, so wird das Verhältniss zwischen S und S_1 ungünstiger, und dementsprechend vermindert sich die Sprechgeschwindigkeit. Thatsächlich ist bei den meisten Siemens'chen Relais der Magne-tismus des Stahlwinkels ausserordentlich gross, jedenfalls steht derselbe in keinem günstigen Verhältniss zu der gewöhnlichen ver-fügbaren Stromstärke, und daher kann man den Relais Mangels einer Vorkehrung zur beliebigen Veränderung von n nicht die günstigste Stellung verleihen. Ein starker Magnet ist darum als ein prinzipieller Fehler zu betrachten. Diesem Uebelstande lässt sich indessen durch ein einfaches Hülfsmittel einigermassen be-gegnen. Man legt nämlich zwischen den Stahlmagnet und das Querstück des Elektromagnetes ein Streifen von entsprechend

starker Pappe oder von Messingblech und nöthigenfalls einen
zweiten Streifen zwischen den Magnet und dasjenige Eisenstück,
durch welches der Stahlmagnet an den Elektromagnet angepresst
wird. Die unmittelbare Berührung zwischen dem Elektromagnet
und dem Stahlmagnet ist auf diese Weise aufgehoben, und wegen
des nunmehr nach Belieben vergrösserten Abstandes ist der permanente Magnetismus in den Eisenkernen erheblich geringer. Auf
diese Weise lässt sich innerhalb gewisser Grenzen eine allerdings nur
rohe Regulirung der magnetischen Stärke der Eisenkerne ausführen.

Indessen hüte man sich, diese Schwächung zu weit zu treiben.
Wie die Formel $S_1 = n \cdot \dfrac{b - a - c}{a + b + c}$ zeigt, muss der permanente
Magnetismus immer grösser bleiben als der durch den Strom er-
zeugte Magnetismus. Ein ungünstiges diesbezügliches Verhältniss
kann sich indessen bei aufmerksamer Betrachtung der Wahr-
nehmung nicht entziehen. Steigt nämlich die Stromstärke zu hoch
an, wird also der Magnetismus n vollständig überwunden, so vollführt der Anker wohl eine kurze Bewegung nach dem entgegengesetzten Pole, kehrt aber sofort wieder um und nimmt seine ursprüngliche Ruhelage wieder ein. Die Thätigkeit eines zu starken
Stromes beschränkt sich also darauf, dem Anker einen äusserst
kurzen, aber deutlich hörbaren Ruck in der Richtung nach dem
zweiten Pole zu ertheilen.

Von Wichtigkeit ist noch die Frage, ob ein möglichst kleiner
oder ein möglichst grosser Abstand der Polschuhe von Vortheil
wird. Auch hierüber giebt die Formel für die Stromstärke S
bezw. S_1 sicheren Aufschluss. In der Formel $S = n \cdot \dfrac{b - a + c}{a + b + c}$
ist S, n und c constant, und ebenso muss der Bruch $\dfrac{b - a + c}{a + b + c}$
eine bestimmte Grösse — etwa K — besitzen, gleichviel ob die
Summe $a + b + c$ gross oder klein ist. Es kommt nun darauf
an, die Differenz $b - a$ möglichst gross zu erhalten, denn wir
haben vorhin gesehen, dass alsdann die Ströme S und S_1 sich am
meisten nähern. Offenbar wird bei gleichbleibendem Werthe für
K der Zähler des Bruches $\dfrac{b - a + c}{a + b + c}$ um so grösser werden
können, je grösser der Nenner wird.

Wir ersehen hieraus, dass das Relais um so leistungsfähiger wird, je weiter wir den Abstand zwischen den Polschuhen machen können. Das Verhältniss zwischen der bewegenden Kraft, also der Stromstärke, und dem Trägheitsmoment des Ankers bestimmt andererseits die Grenze, bis zu welcher mit dem Auseinanderziehen der Polschuhe gegangen werden kann.

Vergleich zwischen dem deutschen polarisirten Relais und dem Relais von Siemens.

Es ist bereits in Vorstehendem angedeutet worden, dass das Verhältniss zwischen den beiden maasgebenden Stromstärken bei dem deutschen polarisirten Relais von der augenblicklichen Stärke des permanenten Magnetismus abhängt, was bei dem Relais von Siemens nicht der Fall ist. Offenbar ist dieses schon ein Vorzug des letzteren Relais. Es bleibt zu untersuchen, ob während des Betriebes thatsächlich erhebliche Aenderungen in dem Magnete vorkommen können, und in welchem der beiden Relais diese Aenderungen am erheblichsten sind. Betrachten wir beide Relais zunächst nur unter dem Einflusse des ankommenden Stromes stehend. Letzterer ist an sich nur schwach und wirkt an dem deutschen Relais verstärkend auf beide Pole des Magnetes. Es wird daher bei längerem Telegraphiren der Magnetismus zunehmen. Innerhalb längerer Ruhepausen kehrt derselbe allmählich zu seiner normalen Stärke zurück. Wegen der bedeutenden Coercitivkraft des harten Stahls gehören hierzu aber Zeiträume von mehreren Stunden. Innerhalb kürzerer Zeiten lässt sich der Magnetismus als gleichbleibend ansehen, so dass Regulirungen der Spannfeder nur in beschränktem Maasse auszuführen sind.

Bei dem Relais von Siemens liegen die Verhältnisse noch günstiger. Einmal stehen beide Elektromagnetschenkel auf dem nämlichen Magnetpole, und zwar fällt der neutrale Punkt des Elektromagnetes ungefähr mit der Mitte der Fläche dieses Magnetpoles zusammen. Das eine Polende des Magnetes wird also zur Hälfte geschwächt und zur andern Hälfte verstärkt, und daher bleibt die Gesammtwirkung nach aussen annähernd unverändert. Für den Betrieb oberirdischer Leitungen haben erfahrungsgemäss beide Relais sich als ziemlich gleichwerthig erwiesen. Wesentlich anders zeigt sich aber ihre Leistungsfähigkeit beim Gebrauch in Kabelleitungen. In· der Reichs-Telegraphenver-waltung ist auch für die Kabelleitungen die gewöhnliche Schal-tung für Morse-Arbeitsstrom beibehalten, d. h. nach dem Aufhören einer jeden Stromsendung wird die Leitung durch das Empfangs-relais an Erde gelegt. Der Entladungsstrom muss mithin jedesmal seinen Weg· durch das eigene Relais nehmen, und damit dieses beim Abgeben der Telegramme nicht mitspricht, wird eben ein polarisirtes Relais verwendet. Nun wird aber die Beeinflussung desselben durch den Entladungsstrom vielfach unterschätzt, und gerade in der Vernachlässigung dieses Umstandes ist ein ge-wichtiger Grund für die Schwierigkeiten des Verkehrs auf langen Kabellinien zu suchen.

Machen wir uns daher ein ungefähres Bild von der Stärke des Entladungsstromes.

Wird eine Leitung mit 60 Kupfer-Elementen betrieben, so ist die Spannung am Anfange des Kabels und bei etwas längerem Tastendruck — für die Strichbildung — annähernd gleich 60 Volt. Das geladene Kabel lässt sich als eine Stromquelle ansehen, deren elektromotorische Kraft gleich der Spannung am Kabel-anfange ist, und deren Widerstand vernachlässigt werden kann. Wird nun diese Stromquelle durch ein Relais von etwa 200 Ohm Widerstand geschlossen, so ist der Anfangswerth des Entladungs-stromes gleich $\dfrac{60}{200}$ oder 0,3 Ampère. Streng richtig ist dieser Anfangswerth nicht, denn der Leitungswiderstand des Kabels wäre noch in Rücksicht zu ziehen, und ebenso wird derselbe bei Ver-wendung kleinerer Linienbatterien geringer; immerhin ist aber der Entladungsstrom, selbst wenn sein Anfangswerth 0,1 Am. nicht übersteigen sollte, sehr viel grösser als der ankommende Strom, welcher im stationären Zustande 0,013 Am. kaum erreicht. Wie heftig die Einwirkungen des Entladungsstromes auf den eigenen Empfänger sind, lässt sich fühlen, wenn man während der Abgabe von Zeichen den Anker vom Ruhekontakt mit dem Finger leicht abdrückt. Sogar ein Durchbiegen der Ankerzunge bei dem Siemens'schen Relais kann öfter beobachtet werden.

Es ist einleuchtend, dass die anhaltenden, unverhältnissmässig starken magnetischen Erschütterungen während der Abgabe von Telegrammen auf den eigenen Empfänger höchst nachtheilig wirken müssen. Diese Uebelstände machen sich bei dem deutschen Relais in weit stärkerem Maasse geltend als bei dem Relais von Siemens, und es ist eine bekannte Erfahrung, dass beim Wechsel vom Geben zum Empfangen das deutsche Relais jedesmal einer Nachstellung bedarf. Wenn nämlich während der Aufnahme eines Telegrammes dem Relais die augenblicklich günstigste Einstellung gegeben worden ist, so bleibt dieses günstige Verhältniss bestehen, bis beim Uebergange vom Empfangen zum Geben die Entladungsströme den Magnetismus verändern. Soll alsdann wieder empfangen werden, so macht sich von Neuem eine Regulirung nothwendig, und zwar ist unmittelbar beim Beginn der Aufnahme ein Nachlassen der Spannfeder vorzunehmen, da die Zeichen ausbleiben. Bald darauf fliessen dieselben zusammen, so dass nunmehr ein Anziehen der Spannfeder einzutreten hat.

Der nachtheilige Einfluss der Entladungsströme macht sich auch bei dem Siemens'schen Relais bemerkbar, indessen nur in geringerem Maasse. Beim Wechsel vom Geben zum Empfangen bleiben wohl die ersten Punkte des ersten Verstanden-Zeichens aus; alsdann hat der permanente Magnetismus der Eisenkerne seine normale Stärke wenigstens annähernd erreicht, und die Zeichen kommen regelmässig an. Die Erfahrung zeigt indessen, dass man mit einem Relais — gleichviel ob mit einem deutschen oder einem Siemensschen —, welches der Einwirkung starker Ströme nicht ausgesetzt gewesen ist, eine erheblich grössere Sprechgeschwindigkeit erzielen kann. Es führt uns dieser Umstand nothgedrungen zu der Erkenntniss, dass die in der Reichs-Telegraphenverwaltung noch theilweise verwendete Schaltungsweise für die Sprechgeschwindigkeit nicht vortheilhaft ist. Wollen wir dieselbe indessen beibehalten, so würde man als Empfänger ein Relais zu verwenden haben, welches durch den Entladungsstrom möglichst wenig verändert wird, oder man muss von dem Betriebe mit der Entladungstaste oder der Gegenstromsendung Gebrauch machen.

Zu Ungunsten des deutschen polarisirten Relais spricht auch das Vorhandensein einer Spannfeder. Es ist bekannt, dass die Spannung einer Feder bei Temperaturschwankungen nicht konstant bleibt. Allerdings sind diese Aenderungen sehr gering, indessen ist auch bei Einstellung der Spannfeder des deutschen Relais sehr sorgfältig vorzugehen, da schon ein Zwanzigstel eines Schrauben-umganges auf den Gang des Relais von grossem Einfluss ist. In Anbetracht dessen ist es leicht ersichtlich, dass die durch Tem-peraturschwankungen veranlasste Aenderung der Spannkraft eine Beeinträchtigung der Wirkungsweise des Relais veranlassen kann. Die Erfahrung ist vielfach gemacht worden, dass z. B. eine Hughes - Uebertragung mit deutschem polarisirtem Relais um die Mittagszeit einer Nachstellung bedarf, trotzdem dieselbe Morgens bei Dienstbeginn tadellos funktionirte. Es tritt gewöhnlich der sogenannte Dauerstrom ein, das heisst, der Anker klebt wegen zu geringer Federspannung. Bei Dienstbeginn war eben die Tem-peratur erheblich niedriger als um die Mittagszeit.

Wir kommen nunmehr zu der Frage:

Wie muss ein in elektromagnetischer Beziehung möglichst vollkommenes Relais gebaut sein?

Ein solches Relais hat folgenden Bedingungen zu ent-sprechen:

a) Bei möglichst geringem Widerstande muss die Anzahl der Umwindungen möglichst gross sein.

b) Die Veränderung des permanenten Magneten durch den Strom muss möglichst gering sein.

c) Das Relais darf keine Spannfeder erforderlich machen.

Der ersten Forderung lässt sich durch Vergrösserung des Bewickelungsraumes sowie durch möglichst günstige Ausnützung desselben entsprechen.

Was die Grösse der Drahtrollen anbelangt, so empfiehlt es sich weniger, dieselben dicker zu machen, denn die äusseren Win-dungen erhalten eine zu grosse Länge und unverhältnissmässig grossen Widerstand. Vortheilhafter wird es, die Drahtrollen unter Beibehaltung der gegenwärtig gebräuchlichen Stärke länger zu machen. Auch bezüglich der Beschaffenheit der Eisenkerne lassen sich Aenderungen zu Gunsten einer vortheilhafteren Bauart aus-führen. Bei den Elektromagneten der Normalfarbschreiber bestehen die Eisenkerne aus aufgeschlitzten Röhren von 16 mm äusserem Durchmesser. Die Eisenkerne des Wheatstone'schen Schnell-schreibers sind massiv und etwa 10 mm stark; dabei ist die Geschwindigkeit, mit welcher der Wechsel in dem Magnetismus erfolgt, bei letzterem Apparat geradezu erstaunlich. Ein dünnerer Eisenkern gewährt aber den Vortheil, dass bei gleicher Windungszahl der Widerstand der ganzen Rolle erheblich geringer ausfällt.

Das Aufwickeln des Drahtes muss ferner mit ganz besonderer Sorgfalt und Regelmässigkeit ausgeführt werden, damit der vorhandene Raum auch voll ausgenützt wird.

Giebt man den Rollen eine grössere Länge, so müssen alsdann die Abmessungen des ganzen Relais grösser gewählt werden. Bei den gegenwärtig gebräuchlichen Elektromagnetrollen sind diese Abmessungen sehr verschieden; namentlich ist ihr Durchmesser im Verhältniss zur Länge oft gross. Es erscheint darum noch fraglich, ob dieselben in ihrer Wirkung sich thatsächlich besser verhalten, als Rollen mit stärkeren Eisenkernen. Wohl muss zugegeben werden, dass die Selbstinduction bei grösseren Eisenmassen wächst. Für Schnellschreiber ist daher ein möglichst schwacher Eisenkern geboten. Zum Betriebe langer Kabelleitungen, bei welchen die Sprechgeschwindigkeit überhaupt sehr gering ist, werden sich zweifellos auch Empfänger mit grösserer Selbstinduction verwenden lassen, und die Nachtheile derselben können durch die Vortheile eines geringeren Widerstandes sowie einer vermehrten Umwindungszahl reichlich aufgewogen werden.

Die nachstehende Zusammenstellung giebt ein ungefähres Bild von den in Frage kommenden Verhältnissen der gebräuchlichen Apparate mit hintereinandergeschalteten Elektromagnetrollen.

| Bezeichnung der Apparate | Der Umwindungen | | Anzahl der Umwindungen auf 1 S. E. |
	Anzahl	Widerstand in S. E.	
1. Deutsches polarisirtes Relais grosser Form	18 185	1 220	14,9
2. Deutsches polarisirtes Relais kleiner Form	6 986	191	36,5
3. Gewöhnliches Relais	12 054	454	26,6
4. Normalfarbschreiber	13 710	603	22,7
5. Hughesapparat	25 540	1 200	21,3
6. Polarisirtes Relais von Siemens	15 308	1 206	12,7

Bei nebeneinandergeschalteten Elektromagnetrollen beträgt die Anzahl der wirksamen Umwindungen die Hälfte, der Widerstand ein Viertel und die Zahl der Umwindungen, welche auf 1 S. E. entfallen, das Doppelte. Die Apparate zu 2 und 5 werden niemals parallel geschaltet.

Das Verhältniss wird alsdann folgendes:

Bezeichnung der Apparate	Der Umwindungen		Anzahl der Umwindungen auf 1 S. E.
	Anzahl	Widerstand in S. E.	
1. Deutsches polarisirtes Relais grosser Form	9 092	306	29,8
2. Gewöhnliches Relais	6 027	113	53,2
3. Normalfarbschreiber	6 855	151	45,4
4. Polarisirtes Relais von Siemens	7 654	301	25,4

Bezüglich des zweiten Punktes haben wir gesehen, dass weder das Relais von Siemens, noch das deutsche polarisirte Relais den Anforderungen ontsprechen. Das erstere gehört zu der Klasse der polarisirten Apparate, bei welchen sich ein magnetischer Anker zwischen zwei Magnetpolen bewegt. Das letztere entspricht derjenigen Form von polarisirten Apparaten, bei welchen sich ein unmagnetischer Anker vor zwei Magnetpolen befindet. Es giebt noch eine dritte Klasse von polarisirten Apparaten, nämlich diejenige, bei welchen ein magnetischer Anker zwischen den Polen eines Elektromagnetes schwingt. Diese dritte Klasse findet ihre Vertretung in dem Elektromagnetsystem des Weatstone'schen Schnellschreibers, und bei diesem Apparat ist die Beeinflussung des Stahlmagnetes durch den Entladungsstrom am geringsten, denn der Elektromagnet steht nicht in Berührung mit dem Stahlmagneten. Wenden wir uns daher zu der

Theorie des Wheatstone'schen Elektromagnetsystems.

Bezeichnen wir den kleinsten Abstand des Ankers von dem Polschuhe A — Figur 13 — mit a, denjenigen von B mit b, den

Ankerhub mit c und den Magnetismus des Ankers mit m, so ist die Anziehung zwischen A und dem Anker gleich $\dfrac{m^2}{a^2}$. In der näm-

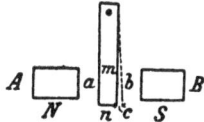

Fig. 13.

lichen Stellung ist die Anziehung zwischen B und dem Anker gleich $\dfrac{m^2}{(b+c)^2}$. Die Kraft, mit welcher der Anker von dem Polschuhe A festgehalten wird, ist mithin gleich $\dfrac{m^2}{a^2} - \dfrac{m^2}{(b+c)^2}$.

Werden nun die Schenkel A und B von einem Strome S umflossen, welcher in A Nordmagnetismus und in B Südmagnetismus erzeugt, so ist der Gesammtmagnetismus in A gleich $m - S$, und in dem Anker ebenfalls $m - S$, wobei von der Einwirkung des Schenkels B vorerst abgesehen ist. Die Anziehung zwischen A und dem Anker wird mithin $\dfrac{(m - S)^2}{a^2}$. In dem Schenkel B wird der gesammte Magnetismus $m + S$, mithin die Anziehung zwischen B und dem Anker gleich $\dfrac{(m + S)^2}{(b + c)^2}$. Bei Eintritt des labilen Gleichgewichts ist $\dfrac{(m - S)^2}{a^2} = \dfrac{(m + S)^2}{(b + c)^2}$. Hieraus wird

$$S = m \cdot \frac{b - a + c}{a + b + c}.$$

Liegt nun der Anker gegen B, und fällt der Strom von S auf S_1, so ist die Anziehung von B gleich $\dfrac{(m + S_1)^2}{b^2}$, wogegen von dem Polschuh A die Anziehungskraft $\dfrac{(m - S_1)^2}{(a + c)^2}$ ausgeübt wird. Bei labilem Gleichgewicht ist

$$\frac{(m + S_1)^2}{b^2} = \frac{(m - S_1)^2}{(a + c)^2} \quad \text{oder} \quad S_1 = m \cdot \frac{b - a - c}{a + b + c}.$$

Es sind dieses genau die nämlichen Beziehungen, welche für
das polarisirte Relais von Siemens gelten. Strenge genommen ist
auch das Prinzip des Wheatstone'schen Elektromagnetsystems das
gleiche wie das des Siemens'schen Relais. Denken wir uns bei
letzterem Relais die Elektromagnetkerne immer mehr von dem
Stahlmagnete abgerückt, bis schliesslich die Einwirkung des letzteren auf die Eisenkerne verschwindet, so erhalten wir alsdann
die Wheatstone'sche Anordnung. Diese besitzt aber den grossen
Vorzug, dass der Stahlmagnet den Einwirkungen der Magnetisirung
durch die Ströme weit mehr entzogen ist; wir haben also die
störenden Schwankungen des permanenten Magnetismus nicht zu
befürchten. Ausserdem ist es mechanisch leicht einzurichten, dass
man durch Veränderung des Abstandes zwischen der als Anker
dienenden Zunge und dem Stahlmagnete die Stärke des permanenten Magnetismus in dieser Zunge innerhalb gewisser Grenzen
beliebig gross wählen kann.

Bei den neuesten Wheatstone'schen Schnellschreibern ist diese
mechanische Anordnung bereits vorhanden.

Hinsichtlich der vortheilhaftesten Einstellung des Wheatstone-
schen Empfängers gelten die nämlichen Gesichtspunkte wie für das
Relais von Siemens. Es kommt nur noch die Stärke des permanenten Magnetismus im Anker in Frage. Für die Stromstärke S
gilt die Formel $S = m \cdot \dfrac{b - a + c}{a + b + c}$.

Die beiden charakteristischen Stromstärken nähern sich bei
gleichem Werth für S und c um so mehr, je grösser die Differenz
$b - a$ wird. Diese hängt wiederum ab von der Grösse m. Ist der
Magnetismus des Ankers im Verhältniss zu S sehr gross, so muss,
wie bei dem Siemens'schen Relais, der Bruch $\dfrac{b - a + c}{a + b + c}$ sehr klein
gemacht werden. Dann aber ergiebt sich für $b - a$ ein ungünstiger
Werth. Wir haben mithin den Magnetismus m so klein zu machen,
dass der Faktor von m möglichst nahe an 1 kommt. Alsdann kann
auch $b - a$ im Verhältniss zu c einen grossen Werth erhalten, die
Ströme S und S_1 werden nur wenig verschieden, und der Empfänger
erlangt seine grösste Leistungsfähigkeit.

Die Leistungsfähigkeit einiger Relais.

Es mögen an dieser Stelle die Ergebnisse von praktischen Vergleichungen zwischen einigen Relais Erwähnung finden. Zur Vergleichuug gelangten ein gewöhnliches Relais, ein grosses und ein kleines deutsches polarisirtes Relais und ein polarisirtes Relais von Siemens. Bei allen Relais wurde der Ankerhub gleich 0,2 mm und der Ankerabstand bei den drei ersteren Relais gleich 1 mm gemacht. Für das Siemens'sche Relais betrug die Summe beider Abstände etwa 3 mm. Bei den deutschen Relais wurde ferner der Schwächungsanker vollständig hineingeschoben. Alsdann wurden diese Relais hintereinander verbunden und durch einen Strom von 0,0127 Ampère erregt. Die Einstellung durch die Spannfedern bezw. durch die Verschiebung der Kontaktschrauben erfolgte derart, dass die Relais bei der genannten Stromstärke ihren Anker eben noch anzogen. Nunmehr wurde der Strom allmählich geschwächt und das Abfallen der Relaisanker beobachtet. Dasselbe trat ein:

	bei einer Stromstärke von Ampère	Verhältniss von S zu S_1
1. für das gewöhnliche Relais . .	0,010	1 : 0,787
2. „ „ Relais von Siemens . .	0,0095	1 : 0,748
3. „ „ deutsche Relais grosser Form	0,007	1 : 0,551
4. für das deutsche Relais kleiner Form	0,0065	1 : 0,512

Bei einem Ankerhube von 0,1 mm stellte sich das Verhältniss folgendermassen:

	bei einer Stromstärke von Ampère	Verhältniss von S zu S_1
1. für das gewöhnliche Relais . .	0,0119	1 : 0,937
2. „ „ Relais von Siemens . .	0,0110	1 : 0,866
3. „ „ deutsche Relais grosser Form	0,0099	1 : 0,779
4. für das deutsche Relais kleiner Form	0,010	1 : 0,787

Dabei waren die Elektromagnetrollen der Relais zu 2 und 3 in beiden Fällen nebeneinander geschaltet.

Die technischen Einrichtungen für den Betrieb von Kabelleitungen mit Morseapparaten.

In der Reichs - Telegraphenverwaltung werden die grossen unterirdischen Telegraphenlinien allgemein mit Gleichstrom betrieben unter Beibehaltung der gewöhnlichen Morseschaltungen. Soweit Leitungsstrecken von etwa 500 km und darüber in Frage kommen, begegnet man den verzögernden Einflüssen der Ladungserscheinungen dadurch, dass die ganze Leitung in Theilstrecken zerlegt und durch Uebertragungsvorrichtungen verbunden wird. Als Empfänger dienen allgemein die deutschen polarisirten Relais kleinerer Form, während für die Uebertragungen die grössere Form dieser Relais gebraucht wird. Besondere Hülfsmittel zur Beschleunigung der Entladung haben bis jetzt nur ausnahmsweise Verwendung gefunden.

Das Maximum der unter solchen Umständen erreichbaren Sprechgeschwindigkeit wird wesentlich bedingt durch den Widerstand der Batterie sowie durch die Einstellung des Empfangsrelais.

Die Beschaffenheit der Batterie.

Was die Batterie betrifft, so empfiehlt es sich, über den Zustand derselben hinsichtlich ihres inneren Widerstandes sich durch häufigere Messungen Gewissheit zu verschaffen.

Es ist nicht schwierig, diesen Widerstand bei geeigneter Zusammensetzung und Behandlung der gebräuchlichen Kupfer-Elemente auf einem Durchschnittswerth von 5 Ohm zu erhalten.

Wenn der Widerstand im Laufe der Wochen durch Bildung von Zinkoxyd auf den Zinkringen zunimmt, so genügt in den meisten Fällen die Auswechselung der verschlammten Ringe gegen gut gereinigte, um den inneren Widerstand sogleich beträchtlich zu vermindern.

Die Einstellung der Empfangsapparate.
a. Das deutsche polarisirte Relais.

Die Einstellung des deutschen polarisirten Relais wird zweckmässig in folgender Weise ausgeführt, sobald dasselbe auf Anziehung wirken soll.

Man schwächt den permanenten Magnetismus der Elektromagnetschenkel so weit als möglich, indem man den Schwächungsanker ganz gegen die Magnetpole vorschiebt. Alsdann wird meistens noch so viel Magnetismus in den Kernen verbleiben, dass bei Stromsendungen mittels der eigenen Taste die Rück- oder Entladungsströme ein Anschlagen des Relais nicht mehr veranlassen können. Sollte letzterer Fall dennoch eintreten, so zieht man den Schwächungsanker vorsichtig hinaus, bis das Relais auf den Rückstrom nicht mehr anspricht. Darauf lässt man von dem fernen Amt Zeichen geben und vergrössert währenddessen durch Aufwärtsschrauben beider Kontaktschrauben den Abstand des Ankers von den Polschuhen so weit, als die Anziehungskraft des Elektromagnetes noch ausreicht, um den Anker mit genügender Sicherheit in Bewegung zu setzen. Der Ankerhub wird dabei so klein wie möglich gemacht. Jede weitere Regulirung vollführt man mit Hülfe der Spannfeder.

Wenn das Relais auf Abstossung wirkend eingeschaltet ist, so verfährt man bei der Einstellung folgendermassen:

Als Regel gilt, den permanenten Magnetismus der Kerne sowie den Ankerabstand möglichst gross, dagegen den Ankerhub wie immer möglichst klein zu machen. Nun ist der permanente Magnetismus bei ganz ausgezogenem Schwächungsanker meistens sehr gross im Verhältniss zur Spannfeder, und daher ist es zweckmässig, der letzteren zuerst diejenige grösste Spannung zu verleihen, über welche hinaus man nicht gehen will. Selbstverständlich ist vorher der Ankerabstand zu regeln, d. h. derselbe ist der Beschaffenheit des Relais entsprechend möglichst gross zu machen. Nun wird der Schwächungsanker ganz herausgezogen. Ist die Spannfeder bei dem grossen Ankerabstande zu stark, wird also der Anker auch ohne die Mitwirkung des Stromes abgerissen, so lässt man den Schwächungsanker ganz ausgezogen und spannt nun die Feder so weit ab, dass der Anker in der unteren Lage verbleibt. Kann man indessen der Spannfeder nicht diejenige Stärke verleihen, dass bei ausgezogenem Schwächungsanker der Relaisanker abgezogen wird, ist also der Magnetismus im Verhältniss zur äusserst angespannten Feder noch zu gross, und lässt sich auch der Ankerabstand nicht weiter vergrössern, so muss der Magnetismus durch den Schwächungsanker vermindert werden, bis der Relaisanker in der unteren Lage verbleibt.

Wegen des ungewohnten Anschlages des auf Abstossung arbeitenden Relais ist es schwieriger, die richtige Spannung der Feder durch das Gehör zu erkennen. Es empfiehlt sich daher, in folgender Weise zu verfahren: Man überzeugt sich durch recht schnelle Bewegung des Ankers mittels des Fingers, dass der Schreibapparat dem Ankerspiele sicher folgt. Hat man solches nöthigenfalls durch Einstellen des Schreibers erreicht, so lässt man von dem fernen Amt Zeichen geben. Fliessen dieselben zusammen, so besitzt die Feder eine zu grosse Spannung und muss nachgelassen werden. Sind jedoch die Punkte zu spitz oder bleiben dieselben ganz aus, so erhält man durch Anspannen der Feder deutlichere Schrift.

b. Das polarisirte Relais von Siemens.

Als Regel für die Einstellung gilt: Ein möglichst kleiner Ankerhub, ein nicht zu starker permanenter Magnetismus, ein möglichst grosser Abstand zwischen den Polschuhen.

Vorerst hat man sich zu überzeugen, ob der Magnetismus in einem günstigen Verhältniss zur Stärke des ankommenden Stromes steht. Hierzu lässt man vom fernen Amt Zeichen geben und verschiebt den Schlitten mit den beiden Kontaktschrauben so lange, bis langsam gegebene Zeichen deutlich ankommen. Nunmehr prüft man durch Besichtigung das Verhältniss zwischen den beiderseitigen Ankerabständen, also die Differenz $b - a$. Wenn die beiderseitigen Abstände annähernd gleich sind und dementsprechend die Differenz $b - a$ sehr klein wird, so ist nach dem Vorstehenden (vergl. Seite 29) der permanente Magnetismus der Elektromagnetschenkel im Verhältniss zur Stärke des ankommenden Stromes viel zu gross, und wir können das Relais leistungsfähiger machen. Hierzu muss der Magnetismus der Eisenkerne geschwächt werden, was sich in der bereits angegebenen Weise (vergl. Seite 29) durch Zwischenlegen von Pappstreifen zwischen den Stahlmagnet und den Elektromagnet ausführen lässt. Nun untersucht man wiederum das Verhältniss zwischen Stromstärke und Magnetismus in der nämlichen Weise durch Telegraphirversuche und ändert nöthigenfalls nochmals den Magnetismus der Eisenkerne. Darauf giebt man den Polschuhen einen möglichst grossen Abstand. Unter den gewöhnlichen Verhältnissen kann man der Grösse $a + b + c$ den Werth von 6 mm unbedenklich geben; ebenso ist für c ein Werth von 0,1 mm noch nicht zu klein. Hat sich nun der Magnetismus der Eisenkerne so weit schwächen lassen, dass beispielsweise $b = 5$ mm und $a = 0,9$ mm wird, so besteht das Verhältniss

$$m : S = 1 : 0,7 \text{ und } S : S_| = 0,7 : 0,66.$$

Ein derartiges Verhältniss für S und $S_|$ ist schon recht günstig, und es ist auch nicht schwierig, ein solches zu erreichen, nur wird die passende Schwächung des Magnetismus wegen der Umständlichkeit etwas zeitraubend. Hat man sich aber einmal dieser Mühe unterzogen, so ist eine weitere Aenderung des Magnetismus für längere Zeit nicht nothwendig.

Die passende Stellung der auf gemeinsamem Schlitten stehenden Kontaktschrauben lässt sich durch vorsichtiges Drehen der zugehörigen Stellschraube leicht ermitteln.

c. Der polarisirte Empfänger von Wheatstone.

Der Wheatstone'sche Empfänger ist allerdings nicht für den Betrieb mit gleichgerichteten Strömen bestimmt, doch eignet er sich hierzu ebenfalls. Da dessen Elektromagnetsystem ausserdem auch für die Relais Anwendung gefunden hat, und dasselbe als das bisher vollkommenste bezeichnet werden muss, so mögen einige Andeutungen über die zweckmässige Einstellung eines derartigen Relais hier ebenfalls gegeben werden.

Als Regel gilt: Möglichst kleiner Ankerhub, nicht zu grosser Magnetismus und möglichst grosser Abstand zwischen den Polschuhen. Nachdem man die letzteren der Eigenart des Apparates entsprechend — etwa auf 6 mm für die Grösse $(a + b)$ — getrennt hat, rückt man den Anker nach dem einen Polschuh bis auf etwa 1 mm. Nun lässt man von dem fernen Amt Zeichen geben und schwächt den Magnetismus der Ankerzungen durch vorsichtiges Zurückschrauben des Stahlmagnetes so lange, bis die Zeichen deutlich ankommen. Ergiebt sich dabei, dass der vorhandene

Strom kräftig genug ist, um ein weiteres Auseinanderziehen
der Polschuhe zu gestatten, so wird man gut thun, solches
vorzunehmen. ¡Alsdann stellt man nochmals in der nämlichen
Weise ein.

Einen zu schwachen permanenten Magnetismus in den Ankerzungen erkennt man wie bei dem Relais von Siemens daran, dass
der ankommende Strom nur ein Zucken des Ankers veranlasst,
ohne den letzteren nach der anderen Seite hinüberzulegen.

Bei jeder Veränderung in der Einstellung eines jeden Apparates sollte man zuerst genau überlegen, durch welche Umstände
eine Aenderung geboten ist, und durch welche Maassregel dem
Missverhältniss begegnet werden kann. Für ein planmässiges Re-
guliren ist es unerlässlich, dass man sich klar macht, was mit den
auszuführenden Veränderungen erreicht wird. Nirgend ist ein
planloses Einstellen und ein reines Probiren nachtheiliger, als bei
der Einstellung der Empfänger für lange Kabelleitungen, denn
es würde nur von einem seltenen Zufall abhängen, wenn bei einem
blossen Probiren und Herumschrauben die günstigste Einstellung
getroffen werden sollte.

Weitere Hülfsmittel zur Steigerung der Sprechgeschwindigkeit.

Um die Sprechgeschwindigkeit auf einzelnen längeren Strecken
der grossen unterirdischen Telegraphenanlagen sowie auf einigen
Nordseekabeln zu erhöhen, sind Entladungstasten und Gegenstromsender (Switch) versuchsweise in Anwendung gekommen. Beide
Vorkehrungen verbinden mit entschiedenen Vortheilen auch gewisse
Mängel, welche bisher noch nicht überwunden sind und daher der
allgemeinen Verwendung dieser Apparate ein Hinderniss entgegensetzen. Diese Mängel sind indessen rein mechanischer Natur, und
es ist nicht unwahrscheinlich, dass durch entsprechende Ver-
besserungen der fraglichen Apparate ihr an sich wohl vortheilhaftes
Prinzip in ausgedehnterem Maasse zur Geltung kommen kann.

Es mögen in Anbetracht dessen diese beiden Vorkehrungen
einer ausführlicheren Besprechung unterzogen werden.

a. Die Entladungstaste.

Das vordere Ende einer gewöhnlichen Morsetaste hat eine Verlängerung, welche aus einer verhältnissmässig starken Blattfeder F (Figur 14) gebildet wird. Das Ende dieser Feder lässt sich mit Hülfe der Schraube R beliebig hoch stellen. Eine zweite senkrecht stehende Feder f drückt mit ihrem unteren Ende gegen die Schraube r und kann durch diese innerhalb gewisser Grenzen beliebig weit nach rechts oder links gehalten werden. Auf letzterer

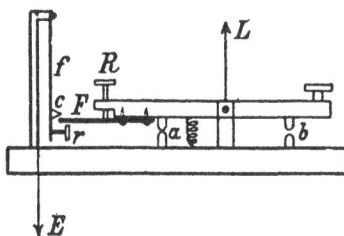

Fig. 14

Feder sitzt gegenüber dem Ende der Feder F eine Kontaktschneide c, welche durch Vermittelung der Feder f mit der Erde in leitender Verbindung steht. Vermittelst der Schrauben R und r lässt sich die Stellung der Federn F und f derart regeln, dass bei der Ruhelage der Taste die Feder F etwas unterhalb der Kontaktschneide c steht, ohne letztere jedoch zu berühren. Beim Niederdrücken der Taste kommt die Feder F gegen c, und da die Schneide von dem Ende der Feder F etwas überragt wird, gleitet F über c hinweg, indem die Feder f nach links gedrückt wird. Während des Hinübergleitens steht die Leitung mit der Erde in Verbindung. Der Batteriekontaktschraube b muss nun ein genügender Spielraum gegeben werden, damit bei vollständigem Schluss des Kontaktes die Feder F oberhalb von c steht, aber die Schneide nicht berührt. Bei dieser Stellung erfolgt die Stromentsendung in die Leitung. Nach dem Aufhören des Tastendruckes findet wieder eine kurze Berührung der Leitung mit der Erde an dem Kontakt c statt und erst nach der Trennung der Erde von der Leitung wird letztere mit dem Empfänger in Verbindung gesetzt. Die kurze

Berührung der Leitung mit der Erde genügt, um den grössten Theil der Entladungsströme schnell abzuleiten.

Mit dem vorübergehenden Anlegen der Leitung an die Erde während des Niederdrückens der Taste wird eine besondere Wirkung nicht beabsichtigt. Diese Erdverbindung wäre mithin überflüssig, indessen lässt sich dieselbe aus mechanischen Rücksichten nicht vermeiden und ist auch ohne Nachtheil.

Es ist einleuchtend, dass durch das jedesmalige Anlegen der Leitung unmittelbar an die Erde nach einer jeden Stromsendung die Entladung erheblich schneller erfolgt, als wenn der Spannungsausgleich auf dem Wege durch das Relais stattfinden muss, denn letzteres besitzt einen Widerstand von wenigstens 180 Ohm, und dieser veranlasst eine nicht unerhebliche Verzögerung der Entladung. Je schneller die im Kabel vorhandene Elektricitätsmenge zur Erde abfliessen kann, um so tiefer sinkt die Stromwelle am Kabelende und um so schneller kann das nächste Zeichen gegeben werden. Ein weiterer und vielleicht der grösste Vortheil der Entladungstaste ist in dem Umstande zu erblicken, dass das Relais vor den Einwirkungen der sehr starken Entladungsströme geschützt bleibt, denn wir haben an früherer Stelle bereits gesehen, welchen ausserordentlichen Nachtheil diese Ströme für das Relais im Gefolge haben.

Wenn hiernach die Entladungstaste im Prinzip als eine recht vortheilhafte Einrichtung bezeichnet werden kann, so ist dieselbe andererseits mit mancherlei Uebelständen behaftet. Unbedingt erforderlich ist, dass weder bei ruhender, noch bei gedrückter Taste die Feder F den Kontakt c berührt. Andererseits muss auch während der Bewegung der Taste ein inniger Kontakt bei c stattfinden, damit die Entladung vor sich gehen kann. Diesen Bedingungen lässt sich nur dann entsprechen, wenn der von der Feder zurückgelegte Weg gross gemacht wird. Will man der Feder F nicht eine unverhältnissmässig grosse Länge geben, so muss man die Hubhöhe des Kontaktes b weit über das gewöhnliche Maass steigern. Zudem steht zu befürchten, dass bei schnellerer Handhabung der Taste die Federn F und f in Schwingungen versetzt werden, welche eine unregelmässige Kontaktbildung veranlassen können. Diese Gefahr wird um so grösser, je mehr man den Kon-

takthub bei *b* den gewöhnlichen Verhältnissen näher zu bringen
sucht.

Wegen der unbequemen Länge, welche die eben beschriebene
Entladungstaste annehmen würde, hat man versucht, durch geeignete Hebelübersetzung den Weg des Endes von *F* zu vergrössern,
wobei der Verlängerungshebel gleichzeitig nach rückwärts gelegt
wird, um die gebräuchlichen Abmessungen für die Taste einhalten
zu können.

Erfahrungsmässig ist das anhaltende Arbeiten mit einer
solchen Taste ermüdend und die Handhabung weniger sicher. In
Folge der aufgeführten Uebelstände hat die Entladungstaste einen
rechten Anklang auch nicht finden können.

b. Der Switch oder Gegenstromsender.

Die Welle des ankommenden Stromes gestaltet sich für den
Betrieb um so günstiger, je schneller die Entladung am Kabel-
anfang erfolgt. Wir haben im Vorstehenden gesehen, wie die Entladung durch jedesmaliges vorübergehendes Anlegen des Kabels
an die Erde wesentlich gefördert werden kann. Noch mehr aber
lässt sich die Zeit der Entladung abkürzen, wenn nach jeder
Stromsendung die Leitung nicht an Erde, sondern an den entgegengesetzten Pol einer entsprechend bemessenen Stromquelle
gelegt wird. Dieses Verfahren ist nicht zu verwechseln mit dem
Wechselstrombetrieb, denn während bei letzterem die ankommenden
Ströme in ihrer Richtung beständig wechseln, ein positiver Strom
also von einem negativen stets abgelöst wird, behält der Strom bei
dem Betriebe mit dem Switch immer die gleiche Richtung. Der
Gegenstrom, welcher immer nur von kurzer Dauer bleibt, hat
lediglich den Zweck, den Entladungsstrom thunlichst zu neutrali-
siren und hierdurch die Stromwelle abzukürzen. Die Entladungstaste lässt sich hierzu nicht verwendbar machen, denn wollte man
an Stelle der Erdleitung den Pol der Gegenbatterie an die Feder *f*
anlegen, so würde diese Gegenbatterie auch bei jedesmaligem
Niederdrücken der Taste mit der Leitung in Verbindung kommen
und den Strom zu unrechter Zeit entsenden. Letzterer darf nur
dann in die Leitung gelangen, wenn die Stromsendung eben be-

endet ist. Hierzu dient der Switch oder Gegenstromsender. Derselbe ist nichts weiter als ein Siemens'sches Relais, nur hat der Anker eine besondere Federkontaktvorrichtung.

Es ist nämlich die Ankerzunge mit einer verhältnissmässig langen und leicht biegsamen Feder f ausgerüstet (Fig. 15), deren

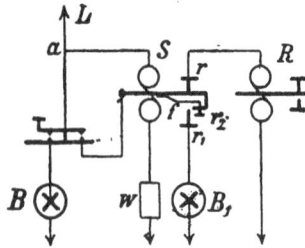

Fig. 15.

Abbiegung von der Ankerzunge durch die kleine Schraube r_2 geregelt werden kann. Bei Einstellung des Switch wird der Ankerhub sehr gross — mehrere Millimeter — gemacht. Aus der beistehenden Skizze ergiebt sich die Schaltungsweise für den Switch S und das Empfangsrelais R. Letzteres überträgt die ankommenden Zeichen mittels Lokalbatterie auf einen Morseschreiber. Der Uebersichtlichkeit wegen ist letzterer in der Skizze fortgelassen.

Ein aus der Leitung kommender Strom findet bei a zwei Wege vor. Der eine führt durch S und W zur Erde, der zweite über die Taste, den Anker von S, über die Kontaktschraube r und durch das Empfangsrelais R zur Erde. Nun ist der Widerstand W etwas grösser als der Leitungswiderstand. Der weitaus grösste Theil des ankommenden Stromes geht mithin durch das Empfangsrelais R und setzt dieses in Thätigkeit, während der durch S gelangende Theilstrom ohne Wirkung auf den polarisirten Switch bleibt.

Wenn dagegen die eigene Taste gedrückt wird, so findet bei a ebenfalls eine Theilung des abgehenden Stromes statt. Ein Theil geht in die Leitung, der zweite durch S und W zur Erde. Dieser letztere Strom veranlasst den Switch zum Anziehen seines Ankers, es legt sich also die Feder f gegen r_1, während bei r eine Trennung des Kontaktes erfolgt. Die Gegenbatterie B_1 steht jetzt mit dem

Hebel des Switch sowie mit dem Ruhekontakt der Taste in Verbindung; dieselbe kann indessen einen Strom in die Leitung nicht entsenden, so lange der Ruhekontakt offen ist. Nach dem Aufhören des Tastendruckes verschwindet der Strom in S, und die Ankerzunge bewegt sich wieder nach r. Vermöge des grossen Ankerhubes und der weit durchgebogenen Feder f wird der Kontakt bei r_1 verlängert. Währenddessen schliesst sich der Ruhekontakt der Taste, und nun ist die Leitung mit B_1 in Verbindung, jedoch nur einen Augenblick, denn der Anker setzt seine Aufwärtsbewegung fort und legt sich gegen r. Während der Zeit vom Schlusse des Ruhekontaktes bis zur Trennung des Kontaktes r_1 findet also die Entsendung des Gegenstromes in die Leitung statt, und diese Zeit lässt sich einigermassen regeln, einmal durch verschiedene Bemessung der Hubhöhe der Taste und dann durch Stellung der Schraube r_2. Wird der Tastenhub gross gewählt, so vergeht von dem Oeffnen des Batteriekontaktes bis zum Schluss des Ruhekontaktes eine verhältnissmässig lange Zeit, während welcher der Anker des Switch den grössten Theil seines Weges bereits zurückgelegt hat. Der gleichzeitige Schluss des Ruhekontaktes und des Kontaktes r_1 fällt alsdann sehr kurz aus, namentlich wenn noch die Schraube r_2 weit gegen die Feder f vorgeschroben ist. Es kann sogar der Fall herbeigeführt werden, dass der Kontakt r_1 bereits offen ist, wenn der Ruhekontakt der Taste sich schliesst. Alsdann gelangt gar kein Gegenstrom in die Leitung, und die Entladung erfolgt durch R. Andererseits lässt sich die Dauer des Gegenstromes durch Verringerung der Kontakthöhe der Taste sowie durch einen grösseren Spielraum für den Anker des Switch verlängern.

Die Wirkung des Gegenstromsenders einmal bei sehr kurzer und dann bei sehr langer Verbindung der Gegenbatterie mit der Leitung ist folgende:

Wenn nach dem Aufhören der Stromsendung der Schluss des Kontaktes bei r früher eintritt als der Schluss des Ruhekontaktes an der Taste, so vermag die Gegenbatterie B_1 gar nicht in Wirksamkeit zu kommen. Der Entladungsstrom gelangt demnach ungeschwächt durch das Empfangsrelais und übt auf letzteres seinen nachtheiligen Einfluss aus. Wenn im entgegengesetzten Falle die Zeit vom Schluss des Ruhekontaktes der Taste bis zur Unterbrechung des Kontaktes bei r_1 verhältnissmässig lang ist, was bei einer Neigung des Switch-Ankers zum Klebenbleiben leicht der Fall sein kann, so ist es möglich, dass der Entladungsstrom nicht allein aufgehoben wird, sondern dass die Gegenbatterie eine neue Ladung des Kabels veranlasst.

Es kommt nun darauf an, dem Switch-Anker und seiner Feder diejenige Einstellung zu geben, bei welcher der Entladungsstrom möglichst vollständig vernichtet wird, ohne dass eine neue Ladung des Kabels durch die Gegenbatterie eintreten kann. Man verfährt hierbei folgendermassen. Das sicherste Mittel ist die Beobachtung der elektrischen Strömung zwischen dem Empfangs-Relais und der Erde mit Hülfe eines daselbst eingeschalteten Galvanoskops.

In erster Linie giebt man der Taste diejenige Hubhöhe, bei welcher man arbeiten will. Man macht den Hub ziemlich klein.

Alsdann ermittelt man, nach welcher Richtung das am Relais zwischengeschaltete Galvanoskop durch den Entladungsstrom abgelenkt wird. Es genügt hierzu eine kurze Stromsendung, während welcher aber der Kontakt r geschlossen und r_1 getrennt gehalten werden muss. Der Switch-Anker wird zu diesem Zweck mit der Hand festgehalten. Es möge die Ablenkung durch den Entladungsstrom nach rechts erfolgen.

Alsdann wird mit der Taste ein Punkt des Morsealphabets dargestellt; man drückt also einmal die Taste kurz nieder und lässt dieselbe sogleich wieder in ihre Ruhelage zurückkehren. Bei richtiger Einstellung des Switch bleibt die Nadel des zur Prüfung eingeschalteten Galvanoskops in Ruhe, das heisst, der Entladungsstrom wird durch den Gegenstrom ganz vernichtet. Sobald aber die Nadel nach rechts ausschlägt, ist der letztere von zu geringer Dauer und muss durch Einstellung der Feder f verlängert werden. Es wird also die Schraube r_2 zurückgedreht, so dass das Ende der Feder f sich noch weiter von der Ankerzunge abbiegt. Selbstverständlich müssen auch die Kontaktschrauben r und r_1 gestellt werden, denn es dürfen beide Kontakte niemals zugleich mit dem Ankerkörper verbunden sein. Stets muss der eine Kontakt sich schon geöffnet haben, bevor der zweite sich schliesst. Auf die Stellung der Schrauben r und r_1 ist daher jedesmal Rücksicht zu nehmen, sobald eine Aenderung von r_2 erfolgt.

Nunmehr wiederholt man die nämliche Prüfung durch Entsendung eines kurzen Stromes, beobachtet die Nadelablenkung und
ändert nöthigenfalls nochmals die Feder des Switch. Es ist diese
Einstellung so lange fortzusetzen, bis die Galvanoskopnadel keine
Rechtsablenkung mehr zeigt. Es empfiehlt sich sogar, die Verlängerung des Kontaktes am Gegenstromsender soweit auszudehnen,
dass bei kurzen Stromstössen eine geringe Ablenkung nach links
sich bemerkbar macht. Wenn nämlich bei der Bildung von Morsestrichen sich das Kabel stärker ladet, so ist der Entladungstrom
ebenfalls stärker. Letzterer würde durch einen kurz andauernden
Gegenstrom nur unvollständig vernichtet werden, und der Rest des
Entladungsstromes könnte noch von Nachtheil für das Empfangs-
Relais werden. Vortheilhaft ist es daher, die Dauer des Gegenstromes derart zu bemessen, dass derselbe den Entladungstrom
bei kurzen Stromsendungen etwas überwiegt. Bei längeren Stromsendungen wird alsdann der Rückstrom nach Möglichkeit vernichtet, und das Empfangsrelais erleidet auf diese Weise nur
unbedeutende Veränderungen. Auch für die Kurve des ankommenden Stromes ist diese Einstellung vortheilhaft.

Wenn bei der Prüfung durch einen Ausschlag der Galvanoskopnadel nach links sich zeigen sollte, dass der Gegenstrom zu stark ist,
so wird die Federeinstellung in umgekehrter Richtung ausgeführt.

Sollte in dem einen oder dem anderen Falle ungeachtet sorgfältiger Regulirung es nicht gelingen, den Entladungstrom auf
das erforderliche Maass zu schwächen, so erübrigt nur, die Stärke
der Gegenstrombatterie, welche für gewöhnlich $^2/_3$ der Hauptbatterie
beträgt, entsprechend zu ändern.

Das eben beschriebene Prüfungsverfahren ist wohl etwas umständlich, allein es ist der einzig sichere Weg zur Erzielung
der günstigsten Betriebsbedingungen.

Was die Leistungsfähigkeit des Gegenstromsenders betrifft,
so ist dieselbe recht zufriedenstellend, wenn die Handhabung der
Taste mit der erforderlichen Regelmässigkeit erfolgt. Jede Un-
sicherheit in der Zurückführung derselben auf den Ruhekontakt
übt indessen auch bei dieser Betriebsweise ihren nachtheiligen
Einfluss aus und kann die Vortheile des Gegenstromsenders in
Frage stellen.

4*

c. Anderweite Einschaltung für den Gegenstromsender.

Eine zweckmässigere Schaltung für den Gegenstromsender
veranschaulicht die Figur 16.

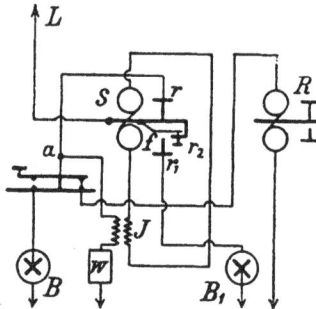

Fig. 16.

Die Erregung des Elektromagnetes des Gegenstromsenders S
erfolgt nicht durch einen Zweigstrom der Linienbatterie B, sondern
durch einen Inductionsstrom aus der Inductionsrolle J. Für letztere
eignet sich vortheilhaft ein Landrath'scher Transformator, dessen
Einschaltung sich aus der Skizze ergiebt. Die Grösse des Widerstandes W ist die gleiche wie bei der vorher besprochenen Einrichtung. Der ankommende Strom geht über den Switch-Anker und
über r nach a. Hier theilt sich derselbe. Ein Zweigstrom geht
über J und W zur Erde, während der andere bei weitem grössere
Zweigstrom durch das Empfangsrelais R fliesst und dieses zum
Ansprechen bringt. Bei Tastendruck entsendet die Batterie B
einen Strom, welcher sich bei a ebenfalls aber in annähernd gleiche
Theile theilt.

Ein Zweigstrom geht über r und den Switch-Anker in die
Leitung nach dem fernen Amt. Der zweite Theil geht über J und
W zur Erde. In dem sekundären Draht des Transformators wird
ein kurzer Inductionsstrom erzeugt, welcher die Rollen des Gegenstromsenders durchfliesst, aber wegen der Polarität desselben nicht
bewegend auf den Anker wirkt. Wird dagegen die Taste los-
gelassen, so verschwindet der Strom in beiden Zweigen. Im Transformator entsteht sogleich ein Oeffnungs-Inductionsstrom, welcher
wegen der entgegengesetzten Richtung dem Switch-Anker eine

kurz andauernde Bewegung gegen die Kontaktschraube r_1 ertheilt.
Es gelangt mithin ein ebenfalls kurzer Gegenstrom in die Leitung.
Die Dauer desselben lässt sich vermittels der Feder genau so re-
guliren wie bei der ersteren Schaltung.

Die Vortheile dieser Einrichtung sind folgende: Die Thätigkeit des Switch beginnt unmittelbar nach der Trennung des Batteriekontaktes. Eine unsichere Führung der Taste ist also weit weniger
von nachtheiligem Einfluss, denn es bleibt ziemlich gleichgültig, ob
der Ruhekontakt der Taste sicher geschlossen wird oder nicht.
Ferner reicht bei dieser Schaltung ein weit geringerer Ankerhub
für den Gegenstromsender aus; der Gang desselben ist mithin erheblich sicherer. Allerdings wird die Schaltung wegen der Beigabe
der Inductionsrolle etwas verwickelter. Dieses kann aber in Anbetracht der erzielten Vortheile nicht wesentlich ins Gewicht
fallen.

Uebrigens ist es nicht unbedingt nothwendig, dass der Anker
des Gegenstromsenders mit einer Feder ausgerüstet ist. Ein jedes
polarisirte Relais lässt sich zu diesem Zweck mit gleichem Vortheil
verwenden.

Der Einfluss der Gegenstromsendung lässt sich aus der
Figur 17 deutlich erkennen. Der Streifen I zeigt die Stromwellen

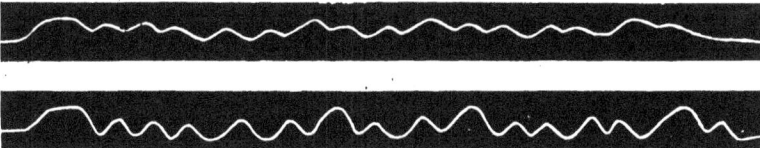

Fig. 17.

am Ende der Kabelschleife Berlin—Hamburg—Berlin bei Abgabe
des Wortes „Berlin" mit der gewöhnlichen Schaltung. Die Linienbatterie hatte eine elektromotorische Kraft von 47 Volt.

Auf dem Streifen II sind die Stromwellen bei Anwendung
einer Gegenstrombatterie von 29 Volt dargestellt. Die letzteren
Stromwellen zeigen auch, dass der stets gleich lange andauernde
Gegenstrom die Kurve nach einem Strich nicht soweit herabdrückt
wie nach einem Punkt, weil eben die Elektricitätsmenge im Kabel

bei einer Strichbildung grösser ist als bei der Bildung eines Punktes,
während die Menge der durch den Gegenstrom in die Leitung ge-
sandten Elektricität immer gleich bleibt.

Bezüglich der Wirkung der Inductionsrolle auf die Vergrösserung der Sprechgeschwindigkeit vergl. Seite 6.

Schaltung mit zeitweiligem Nebenschluss zu dem
Empfangsrelais.

Wir haben in dem bisher Besprochenen alle diejenigen Mittel
einer Betrachtung unterzogen, durch welche die Sprechgeschwindigkeit auf langen Kabeln gesteigert werden kann.

Alle diese Mittel zielen lediglich auf die Versteilerung der
Stromwellen ab. Unter Benutzung der geeignetsten Apparate und
Einrichtungen lässt sich indessen nur eine ganz bestimmte Geschwindigkeit bei einem gegebenen Kabel erreichen, und es hat
bisher an allen weiteren Mitteln gefehlt, die Grenze in nennens-
werther Weise noch weiter ausdehnen zu können. Es liegt dieses
in dem ungleichen Verhalten der beiden Kräfte, welche auf den
Anker des Empfängers bewegend wirken.

Bei nicht polarisirten Apparaten bleibt die Spannkraft der
Abreissfeder in beiden Ankerlagen nahezu gleich. Die Wirkung
des Stromes auf den Empfänger ist hierbei aber sehr verschieden.
Diejenige Stromstärke, welche eben ausreicht, den Anker aus seiner
grösseren Entfernung heranzuholen, veranlasst ein erheblich stärkeres
Festhalten desselben in seiner unteren Lage. Es spielt eben das
Quadrat der Entfernung eine wichtige Rolle, und bei polarisirten
Empfängern wird dieses Verhältniss, welches durch die beiden
charakteristischen Stromstärken S und S_1 dargestellt wird, noch
ungünstiger. Nun wäre es nicht unmöglich, dem Empfänger eine
Einrichtung zu geben, vermöge welcher nach erfolgtem Ankeranzug
die Spannfeder derart verstärkt wird, dass der vorhandene Strom S
den Anker eben noch festzuhalten vermag. Beispielsweise könnte
durch einen Lokalstrom ein zweiter Elektromagnet geschlossen
werden, dessen Ankerhebel mit einer Blattfeder unter den Anker
des Empfangsrelais drückt. Dieser Blattfeder liesse sich eine
solche Spannung verleihen, dass letztere in Vereinigung mit der

Abreissfeder annähernd die gleiche Zugkraft auf den Anker aus-
üben würde, wie der Elektromagnet. Wenn alsdann die Stromstärke etwas unter den Werth S fallen würde, müsste durch die
vereinigte Kraft der beiden Federn ein Abreissen des Ankers eintreten. Nach der Trennung des Batteriekontaktes des Empfangsrelais würde die Mitwirkung der zweiten Feder aufhören. Inzwischen wäre aber der Anker in seiner oberen Lage angelangt,
und aus dieser Entfernung könnte ein erneutes Anziehen desselben
nicht mehr eintreten. Der nächste Strom würde zu Anfang wieder
nur die Gegenwirkung der Abreissfeder allein zu überwinden haben,
denn das Hinzutreten der Hülfsfeder würde erst nach erfolgtem
Ankeranzuge stattfinden. Es ist ersichtlich, dass auf diese Weise
ein Abfallen des Ankers bei einer Stromstärke erzielt werden
könnte, welche der Stromstärke S annähernd gleich wäre.

Die Ausführung einer derartigen Einrichtung wäre nicht unmöglich; für den praktischen Betrieb liesse dieselbe sich aber wegen
der Schwierigkeit in der Regulirung der Federspannung nicht gut
verwenden.

Es lässt sich das Verhältniss jedoch umkehren; man lässt die
Federspannung konstant und schwächt den Strom im Relais, sobald
der Anker angezogen ist. Man leitet also einen so grossen Theil
des Stromes aus dem Relais ab, dass der in letzterem verbleibende
Zweigstrom eben noch ausreicht, um den angezogenen Anker festzuhalten. Die Herstellung des Nebenschlusses wird dem Schreibapparat übertragen.

Wenn nach dem Aufhören des Tastendruckes die Stromstärke
in der Leitung abnimmt, sinkt auch der Theilstrom in dem
Empfangsrelais. Letzterer Theilstrom hat sehr bald die Stärke S_1
erreicht, und nun fällt der Anker ab. Gleich darauf wird der
Nebenschluss zum Relais geöffnet, und jetzt geht durch das Relais
wieder der volle Strom, jedoch vermag derselbe den Anker aus der
grösseren Entfernung nicht mehr haranzuholen. Der Anker bleibt
also abgefallen.

Aus der Figur 18 ergiebt sich die bezügliche Schaltungsweise.
Der Schreiber S muss mit der Uebertragungsvorrichtung ausgerüstet sein. Der aus der Leitung ankommende Strom geht über
die Taste bis zum Punkte a. Der Weg von a durch W und den
Hebel des Schreibers ist unterbrochen, der Strom geht mithin von

a ungeschwächt durch das Relais R zur Erde, und der Anker wird
angezogen. Unmittelbar darauf zieht auch der Schreiber seinen
Anker an. Dadurch wird der zweite Weg für den ankommenden

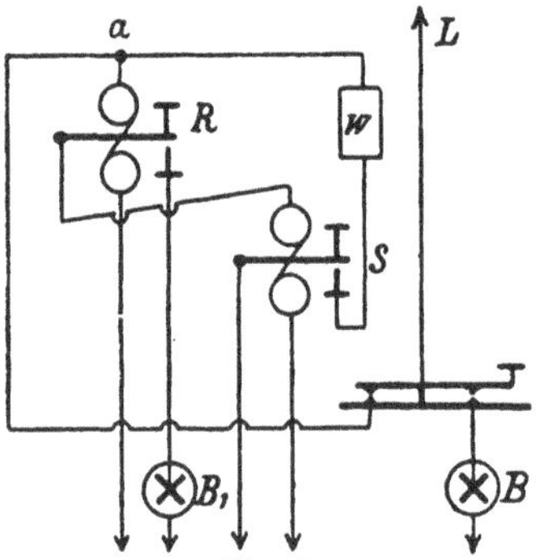

Fig. 18.

Strom hergestellt, und nunmehr sinkt die Stromstärke im Relais
entsprechend dem Verhältniss zwischen W und dem Relaiswiderstande.

Man hat es mit Hülfe des Widerstandes W ganz in der Ge-
walt, die vorübergehende Schwächung des Stromes im Relais dem
Bedürfnisse anzupassen. Es lässt sich auf diese Weise erreichen,
dass die beiden charakteristischen Stromstärken nicht allein gleich
werden, sondern dass diejenige Stromstärke, bei welcher das Abfallen des Ankers eintritt, grösser ist als die zum Anziehen des
letzteren erforderliche Stromstärke. Auf den ersten Blick erscheint
dieses unmöglich, und dennoch trifft das Gesagte zu.

Es möge die Anziehung des Relaisankers eintreten, wenn die
Stromstärke die Linie AA_1 (Figur 19) erreicht hat. Nun vergeht

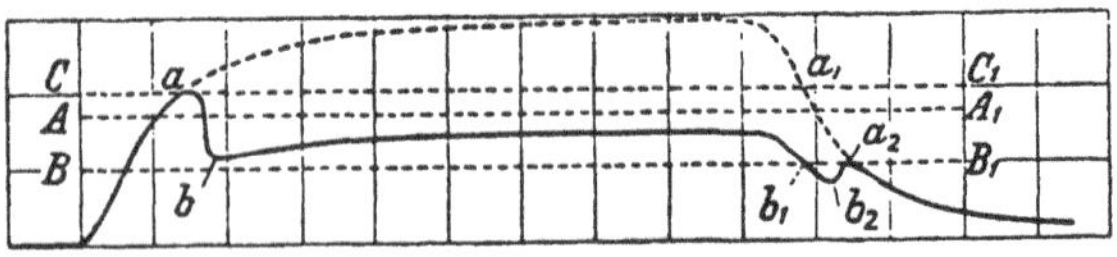

Fig. 19.

bis zum Anziehen des Ankers im Schreibapparat eine gewisse Zeit,
welche von der Selbstinduction des Elektromagnetes sowie von der

magnetischen Trägheit desselben abhängt. Im Mittel kann man für diese Zeit $^1/_{15}$ Sekunde annehmen. Der Nebenschluss für das Relais wird also $^1/_{15}$ Sekunde nach erfolgtem Ankeranzug eintreten. Während dieser Zeit ist der Strom bis zum Punkt a angewachsen, und nun fällt der Theilstrom im Relais auf die Hälfte, wenn der Widerstand der Nebenschliessung gleich dem Relaiswiderstande ist. Der Theilstrom geht also zurück bis zum Punkte b. Letzterer liegt über der Linie $B\,B_1$, welche diejenige Stromstärke angiebt, bei welcher das Abfallen des Ankers eintritt. Im vorliegenden Falle reicht die Stärke des Zweigstromes im Relais aus, den angezogenen Anker festzuhalten.

Sobald der Hauptstrom in seinem abfallenden Theile bis zum Punkt a_1 angekommen ist, hat der Zweigstrom im Relais den Punkt b_1, das heisst diejenige Stärke erreicht, bei welcher das Abfallen des Ankers erfolgt. Der Nebenschluss wird aber nicht sogleich geöffnet, denn der Magnetismus im Elektromagnet des Schreibers gebraucht wieder Zeit zum Verschwinden. Während dieser Zeit fällt der Zweigstrom von b_1 bis b_2, worauf der volle Strom wieder durch das Relais geht. Derselbe hat alsdann nur noch die Höhe bis zum Punkte a_2; er vermag daher den abgefallenen Anker nicht wieder heranzuholen. Während ohne den zeitweiligen Nebenschluss jede Stromwelle, durch welche ein Morsezeichen hergestellt werden soll, bis zu der Linie AA_1 ansteigen und dann unter die Linie BB_1 abfallen muss, erfolgt noch ein sicheres Arbeiten des Relais, wenn bei der Mitwirkung des Nebenschlusses die Stromwellen in ihrem ansteigenden Theile die Linie AA_1 erreichen und, falls dieselben inzwischen noch weiter angewachsen sind, im Abfallen bis auf die Linie CC_1 sinken. Die Verschiebung der charakteristischen Stromstärke von BB_1 nach CC_1 ist aber gleichbedeutend mit einer erheblichen Steigerung der Sprechgeschwindigkeit. Die letztere wird nicht mehr bedingt durch die Zeit, welche der Strom verbraucht, um im abfallenden Theile der Kurve von der Höhe AA_1 bis zur Höhe BB_1 zu sinken. Diese Verzögerung ist vollständig vermieden; es tritt das Abfallen des Ankers strenge genommmen sogar etwas zu früh ein, wie die Morseschrift erkennen lässt. Letztere zeigt ohne den zeitweiligen Nebenschluss eine Neigung zum Zusammenfliessen der einzelnen Zeichen namentlich zwischen einem Strich und dem darauf folgenden

Elementarzeichen. Jedenfalls sind aber die Zwischenräume zwischen den einzelnen Zeichen sehr gering im Verhältniss zu der Länge der Punkte.

Anders erscheinen die Zeichen bei der zeitweiligen Mitwirkung des Nebenschlusses. Der Zwischenraum zwischen den Elementarzeichen wird erheblich grösser als im ersteren Falle und sogar grösser als die Länge eines Punktes. Die Schriftzeichen haben nicht eine Neigung zum Zusammenfliessen, sondern dieselben werden „spitz" ausfallen.

Der Widerstand des Nebenschlusses darf nicht zu klein gewählt werden, denn der im Empfangsrelais nach der Stromableitung noch verbleibende Theilstrom darf nicht kleiner sein als diejenige Stromstärke, bei welcher das Abfallen des Ankers eintritt. Andernfalls würde der Anker ähnlich wie beim Selbstunterbrecher in vibrirende Bewegung gerathen, und die Schriftzeichen würden gebrochen erscheinen.

Der zeitweilige Nebenschluss zum Empfangsrelais übt in Folge der Verringerung des Widerstandes am Kabelende einen nicht unwesentlichen Einfluss auf die Gestaltung der Stromkurve aus. Das erste Ansteigen derselben bleibt ungeändert. Sobald aber der zweite Weg für den Strom sich schliesst, steigt die Kurve erheblich steiler an, und ebenso ist nach darauf folgender Stromunterbrechung das erste Abfallen steiler, so lange der zweite Weg zur Erde noch besteht. Die Figur 20 veranschaulicht einige in der Kabelschleife Berlin—Hamburg—Berlin mit dem Russschreiber aufgenommene Kurven.

Der Streifen I zeigt den Verlauf des Stromes bei Abgabe der Buchstaben a, b, c, d und e, wenn der Russschreiber zwischen der Leitung und dem Relais von 280 Ohm eingeschaltet ist, der zeitweilige Nebenschluss aber nicht in Thätigkeit tritt.

Der Streifen II zeigt den Verlauf des Stromes am Kabelende bei Mitwirkung des zeitweiligen Nebenschlusses. Wie die Figur erkennen lässt, sind die Stromwellen in ihrem oberen Theile erheblich steiler.

Der Verlauf des Stromes im Relais wird durch die Stromkurven auf dem Streifen III veranschaulicht. Der Eintritt der Nebenschliessung zum Relais ist deutlich erkennbar. Ihre Wirkung tritt jedoch nur während der Bildung von Morsestrichen hervor, während bei Abgabe eines Punktes die Zeit zu kurz ist.

Der Streifen IV zeigt die Stromwellen im Relais bei der Abgabe des Wortes „Berlin".

Wenn auch die Sprechgeschwindigkeit bei Anwendung des zeitweiligen Nebenschlusses nicht mehr beeinflusst wird von dem Verhältniss zwischen den beiden charakteristischen Stromstärken, so findet dieselbe ihre Begrenzung durch die Zeit, welche der ankommende Strom gebraucht, um bis zu der erforderlichen Höhe anzuwachsen. Auf den ersten Blick würde es sich hiernach empfehlen, den Apparat derart empfindlich einzustellen, dass die Ankeranziehung schon eintritt, wenn der Strom erst einen geringen Bruchtheil seiner vollen Stärke erreicht hat. Nun ist aber zu berücksichtigen, dass bei schnellen Stromsendungen das Kabel

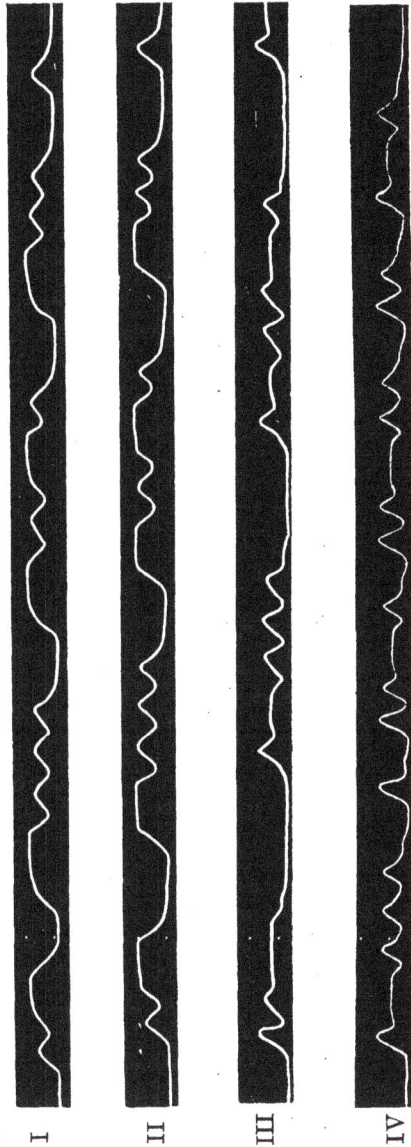

I   II   III   IV

Fig. 20.

während der Zwischenpausen nicht ganz stromlos wird. Jede folgende Stromwelle findet das Kabel bereits in elektrischem Zustande vor; dieselbe steigt also höher an als die vorige, sinkt aber auch nicht so tief herab als letztere. Nach einer bestimmten Zeit, welche von der Geschwindigkeit der Stromsendungen und deren Dauer abhängig ist, tritt ein Gleichgewichtszustand ein, das heisst, die Wellen erreichen alle eine gleiche Höhe und Tiefe.

Die Figur 21 zeigt das allmälige Ansteigen derartiger Stromwellen, sowie das Uebergehen derselben in den Gleichgewichtszustand.

Fig. 21.

Hieraus ergiebt sich schon, dass es nicht vortheilhaft wäre, den Empfänger sehr empfindlich einzustellen, beispielsweise derart, dass beim vierten Theil der stationären Stromstärke der Anker angezogen wird. Wesentlich günstiger gestaltet sich das Verhältniss, wenn der Ankeranzug etwa beim dritten Theil des stationären Stromes stattfindet. Es kann alsdann wohl vorkommen, dass nach einer längeren Ruhepause die ersten Punkte noch ausbleiben, dann aber erscheinen alle weiteren Zeichen selbst bei grösserer Sprechgeschwindigkeit. Man muss nur längere Zwischenräume zwischen zwei Worten mit besonderer Sorgfalt vermeiden.

Es möge hier noch Erwähnung finden, dass unter gewissen Umständen, z. B. bei Uebertragungen mit Gegenstromsendern, die zeitweilige Nebenschliessung auch ohne ein besonderes Hülfsrelais lediglich durch das Empfangsrelais in Thätigkeit versetzt werden kann. Alsdann ist aber eine passende Stromquelle in die Nebenschliessung zu legen.

Uebertragung für eine Morseleitung mit zeitweiligem Nebenschluss zu den Empfangsrelais.

Wenngleich die Sprechgeschwindigkeit durch den zeitweiligen Nebenschluss sich bedeutend steigern lässt, oder mit anderen

Worten, wenn bei gleicher Sprechgeschwindigkeit die Länge des
Kabels erheblich grösser sein kann, ohne dass eine Uebertragung
erforderlich wird, so tritt das Bedürfniss nach einer solchen dennoch heran, wenn es sich um den Verkehr zwischen sehr weit
auseinander gelegenen Orten handelt.

Hat die Uebertragungsanstalt lediglich als solche mitzuwirken,
so wird die Uebertragung mittels Relais ausgeführt. Andernfalls
sind Relais und Schreibapparate zu verwenden, sobald die Uebertragungsanstalt die betreffende Kabelleitung für ihren eigenen
Verkehr in Mitbenutzung zu nehmen hat.

Sobald nur mit Relais übertragen werden soll, sind ausser
den beiden üblichen Relais noch zwei Hülfsrelais zu verwenden,
denen lediglich die Schliessung der Abzweigungen für das Empfangsrelais obliegt. Die Schaltung ergiebt sich aus der Figur 22.

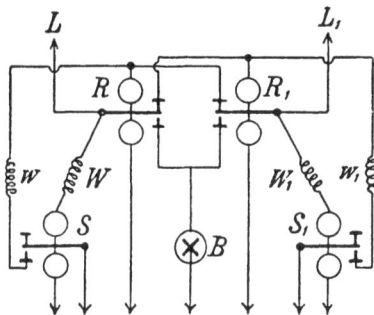

Fig. 22.

Den Uebertragungsrelais R und R_1 fällt die Bestimmung zu,
mittels ihrer Batteriekontakte die Ströme in den betreffenden
Leitungszweig weiter zu senden.

Hieraus ergiebt sich die Nothwendigkeit, an Stelle der Be-
treibung der Hülfsrelais S und S_1 durch Lokalbatterien den abgehenden Strom der Linienbatterie in Mitbenutzung zu nehmen.
Wird z. B. der Anker von R angezogen, so geht ein Theil des
Stromes aus der Batterie B in die Leitung L; ein Zweigstrom
geht ferner durch den Widerstand W und das Hülfsrelais S zur
Erde. Dabei wird W etwas grösser als der Widerstand der

Leitung L gemacht. Die Wirkungsweise der Uebertragung ist nun folgende:

Der aus L_1 ankommende Strom geht über den Hebel und den Ruhekontakt von R_1 zum Relais R, umkreist dessen Elektromagnet und geht zur Erde. Der zweite Weg durch den Nebenschluss w ist vorläufig noch unterbrochen. Nunmehr wird der Anker von R angezogen und ein Strom in die Leitung L gesandt, während zu gleicher Zeit durch den Zweigstrom das Hülfsrelais S seinen Anker anzieht.

In diesem Augenblick wird der Nebenschluss zum Ralais R geschlossen, und die in letzterem bis dahin vorhandene Stromstärke sinkt annähernd auf die Hälfte. Der Erfolg dieser Stromtheilung im Empfangsrelais ist genau der gleiche wie bei der vorher beschriebenen Schaltung für eine Endstelle.

Bei der Zeichengebung in umgekehrter Richtung ist der Vorgang der nämliche und bedarf keiner weiteren Erklärung.

Was die Einstellung einer derartigen Uebertragungsvorrichtung anbelangt, so hat man sich in erster Linie von dem richtigen Stande der Hülfsrelais S und S_1 zu überzeugen. Zu diesem Zweck werden beliebige Morsezeichen in möglichst schneller Folge mit der Hand am Hebel des Relais R abgegeben, und während dessen stellt man das Hülfsrelais S so lange, bis die abgegebenen Zeichen in S vollkommen deutlich wiederklingen. Das Nämliche wird darauf mit R_1 und S_1 vorgenommen. Nunmehr haben S und S_1 die richtige Einstellung erhalten, und man unterlasse es, während der weiteren Einstellung der Uebertragungsrelais R und R_1 an den Hülfsrelais nachträgliche Regulirungen auszuführen.

Die Einstellung der Relais R und R_1 erfolgt alsdann während der Stromsendungen von den entfernten Aemtern. Man lässt die Zeichen mit der erfahrungsmässig noch zulässigen Geschwindigkeit abgeben und stellt die Uebertragungsrelais so lange, bis die Zeichen deutlich erklingen.

Bezüglich der Einstellung der Relais vergl. Seite 40.

Bei dieser Schaltungsweise bleibt das eine Relais den Einflüssen des Entladungsstromes ausgesetzt, wenn das andere Relais die ankommenden Zeichen in die zweite Leitung überträgt. Mit Rücksicht hierauf darf der permanente Magnetismus nur so weit geschwächt werden, dass der Entladungsstrom nicht bewegend auf

das Relais wirken kann. Von der für die Sprechgeschwindigkeit
günstigsten Einstellung müssen wir daher absehen. Bei zwingenden
Verhältnissen kann man indessen auch hierbei von dem Gegenstromsender Gebrauch machen und dadurch die Entladungsströme
vernichten. Dann hätten wir aber zu den bereits vorhandenen
vier Relais noch zwei weitere Relais zur Hülfe zu nehmen, und die
ganze Einrichtung würde für den praktischen Betrieb wegen der
Umständlichkeit nicht mehr empfehlenswerth sein. Unter solchen
Umständen kann man die beiden Hülfsrelais für den zeitweiligen
Nebenschluss in der auf S. 60 bereits angedeuteten Weise ent-
behrlich machen. Die Schaltungsweise für eine derartige Uebertragung ergiebt sich aus Fig. 23.

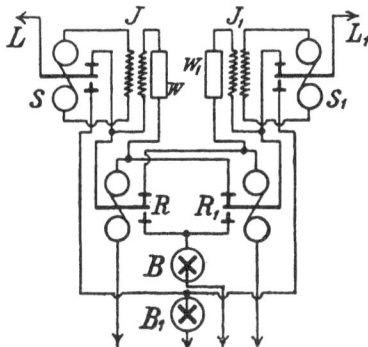

Fig. 23.

Es sind R und R_1 die Uebertragungsrelais, S und S_1 die
Gegenstromsender, J und J_1 die Inductionsrollen — z. B. gewöhn-
liche Fernsprechübertragungsrollen — und W und W_1 künstliche
Widerstände. Die Wirkungsweise der Gegenstromsender ist bereits
Seite 51 besprochen.

Ein aus der Leitung L kommender Strom geht über den
Hebel und den Ruhekontakt von S, über den Hebel und den Ruhe-
kontakt von R und zum grössten Theil durch das Relais R_1.
Letzteres zieht alsdann den Anker an. Nunmehr geht aus der
Batterie B ein Strom vom Hebel des Relais R_1 einmal über den
Hebel von S_1 in die Leitung L_1, während ein zweiter Strom durch
W_1, J_1 und durch den Elektromagnet des Relais R_1 fliesst. Dieser

Strom ist dem aus L ankommenden Strome entgegengerichtet; seine
Stärke wird ausserdem durch W_1 derart bemessen, dass der in R_1
verbleibende Differenzstrom eben noch ausreicht, um den angezogenen Anker festzuhalten. Nimmt der Linienstrom nur um ein
Weniges ab, so vermag die Differenz der beiden Ströme den Anker
nicht mehr festzuhalten, derselbe fällt also rechtzeitig ab. Die
Vortheile des zeitweiligen Nebenschlusses lassen sich demnach
auch auf diese Weise erreichen. Der durch W_1 und J_1 gelangende
Strom hat aber noch eine zweite Aufgabe zu erfüllen. Es wird
nämlich in dem sekundären Draht von J_1 ein Inductionsstrom erregt, welcher aber in einer derartigen Richtung durch den Gegenstromsender S_1 geleitet wird, dass letzterer seinen Anker nicht
anziehen kann. Verschwindet alsdann der Strom in L, und fällt
der Anker von R_1 ab, so entsteht in J_1 ein zweiter Inductionsstrom,
welcher ein einmaliges kurzes Anschlagen des Ankers von S_1 gegen
den Batteriekontakt veranlasst. Die Leitung L_1 wird daher einen
Augenblick mit der Gegenbatterie B_1 verbunden, wobei eine Vernichtung des Entladungsstromes stattfindet.

Der Morsebetrieb mit kurzen Wechselströmen von gleicher Dauer aber ungleicher Zeitfolge.

In neuester Zeit hat Delany wieder auf eine Betriebsweise
aufmerksam gemacht, welche bereits vor etwa 20 Jahren in der
deutschen Telegraphen-Verwaltung längere Zeit allerdings nur auf
oberirdischen Leitungen versucht, dann aber aufgegeben worden
war. Der Grundgedanke ist folgender:

Sobald man mit verschieden langen Stromsendungen, gleichviel ob gleicher oder entgegengesetzter Richtung, arbeitet, werden
die Stromwellen am Kabelende verschieden hoch ausfallen. Die
niedrigsten Wellen müssen jedoch noch diejenige Höhe erreichen,
bei welcher der Empfänger anspricht. Die längeren Wellen steigen
demnach sehr viel höher, als nöthig ist, an und müssen nach der
Stromunterbrechung wieder bis zu einer bestimmten Tiefe herabsinken, damit der Empfänger seinen Anker loslassen kann. Diese
Zeit, welche zum Abfallen des Stromes von seiner grösseren Höhe
bis zur erforderlichen Tiefe verbraucht wird, ist eben die Ver-

zögerung. Um diese möglichst gering zu machen, giebt Delany den Stromwellen annähernd die gleiche Höhe, lässt aber diese kurzen Ströme je nach dem zu bildenden Zeichen in verschieden langen Zwischenräumen auf einander folgen. Der erste kurze Stromstoss beginnt die Bildung eines Zeichens, während der nächstfolgende Stromstoss von entgegengesetzter Richtung dasselbe beendet. Der Unterschied in der Länge des Zeichens wird lediglich durch die Zeit bestimmt, in welcher die Stromstösse auf einander folgen.

Es ist nicht in Abrede zu stellen, dass die einzelnen Stromwellen hierbei annähernd die gleiche Höhe behalten, und dass diese Betriebsweise für Kabel von grosser Länge ganz besonders geeignet erscheint. Die hiermit gemachten Erfahrungen sind auch recht günstig gewesen. Indessen eignet sich dieses Verfahren nur zum Betriebe einadriger Kabel, denn die Induction aus den Nebenadern spielt hierbei wegen der eigenartigen Einstellung der Empfänger eine wesentliche Rolle.

Der Anker des polarisirten Relais muss nämlich derart gestellt werden, dass derselbe bei stromloser Leitung sowohl in der einen wie in der anderen Ankerlage liegen bleibt, sobald man den Anker mit der Hand in diese Lagen hinüberführt. Bei dem Relais von Siemens müssen also die kleinsten Abstände des Ankers von den Polschuhen einander gleich gemacht werden. Von der Grösse des Ankerhubes im Verhältniss zu diesen Abständen hängt diejenige Kraft ab, mit welcher der Anker von einem der beiden Pole festgehalten wird. Wie leicht ersichtlich, nimmt diese Kraft ab mit dem Wachsen der Ankerabstände sowie mit der Verringerung des Ankerhubes, oder mit anderen Worten, je vortheilhafter die Stellung in Bezug auf die Sprechgeschwindigkeit wird, um so geringer wird die Kraft, mit welcher der Anker an den Polen liegen bleibt. Sobald man die letztere sehr gering macht, genügt die leiseste mechanische oder magnetische Erschütterung, um den Anker in die andere Lage überzuführen. Auf diese Weise können leicht unrichtige Zeichen entstehen.

So lange man es nur mit einadrigen Kabeln zu thun hat, sind magnetische Erschütterungen nicht zu befürchten, und gegen mechanische Erschütterungen schützt eine feste Aufstellung des Relais. Anders gestaltet sich aber das Verhältniss bei mehradrigen Kabeln.

Hierbei ist die Induction aus den Nachbaradern nicht zu unterschätzen, denn dieselbe kann unter bestimmten Umständen sehr erheblich werden.

Bekanntlich ist die Induction porportional der Stärke des primären Stromes. Letzterer ist wiederum an den verschiedenen Stellen des Kabels sehr verschieden und besitzt die grösste Stärke am gebenden Ende. Ein Beispiel möge uns ein Bild von dieser Stärke geben. Wenn jedes Element der Linienbatterie eine elektromotorische Kraft von 1 Volt und einen inneren Widerstand von 5 Ohm besitzt, so ist wegen der bedeutenden Kapazität des Kabels der Strom im ersten Augenblick am Kabelanfange gleich 0,2 Ampère. Bei Verwendung von Sammler-Batterien mit vorgeschalteten Widerständen von etwa je 2 Ohm auf je 1 Volt wird der Anfangswerth des primären Stromes sogar gleich 0,5 Ampère. Dass Stromwellen von dieser Höhe sich in den Nachbarleitungen durch Induction recht fühlbar machen können, ist leicht erklärlich, wenn man in Rücksicht zieht, dass die Stärke des stationären Stromes etwa 0,013 Ampère beträgt und die Empfangsapparate schon bei weniger als der Hälfte dieser Stromstärke ansprechen müssen.

Es ist durchaus nicht schwierig, ein Relais so empfindlich einzustellen, dass dasselbe auf die Inductionsströme aus den Nachbarleitungen noch sicher anspricht. Beim Betriebe mit Strömen von verschiedener Dauer sind diese Inductionsströme indessen weniger nachtheilig, da man ohne erhebliche Einbusse an der Empfindlichkeit das Empfangsrelais derart einstellen kann, dass weder ein Anziehen des abgefallenen Ankers noch ein Abfallen des angezogenen Ankers durch die Induction verursacht wird. Anders ist es bei der Delany'schen Betriebsweise. Die geringste magnetische Veränderung kann bereits ein Ueberweichen des Ankers nach der anderen Seite und die Bildung eines unrichtigen Zeichens veranlassen. Um diesen Uebelstand zu vermeiden, muss man nothgedrungen zu einem grösseren Ankerhube sowie zu einer Verringerung der Polabstände seine Zuflucht nehmen, dann aber werden die Vortheile des Delany'schen Verfahrens durch die ungünstige Einstellung des Relais wieder aufgehoben.

Die von Delany vorgeschlagene Betriebsweise besitzt im Prinzip einen wesentlichen Vorzug vor der von der Reichs-Telegraphen-Verwaltung versuchsweise benutzten Einrichtung. Letztere ist bekannt in dem automatischen Schnellschreiber von Siemens. Die Art der Stromsendung bei diesem System gestaltet sich derart, dass zwischen einem kurzen Stromstoss von $+ E$ und dem nächstfolgenden Stromstoss von $- E$ die Leitung am gebenden Ende isolirt gehalten wird. Es ist diese Einrichtung weder für den Kabelbetrieb noch für die Schnelltelegraphie auf oberirdischen Leitungen vortheilhaft, weil die Entladung am gebenden Ende verhindert ist.

In dem Delany'schen Verfahren ist dieser Uebelstand vermieden, denn die Leitung wird nach jeder Stromsendung mit Erde verbunden, und demzufolge erlangen die ankommenden Stromwellen eine schärfer abgegrenzte Form.

Die Verwendung des Hughesapparates für den Kabelbetrieb.

Bei Besprechung der Delany'schen Betriebsweise ist hervorgehoben worden, dass für den Kabelbetrieb die Anwendung von kurzen aber unter sich gleich langen Stromsendungen erhebliche Vortheile bietet. Hiernach sollte man annehmen können, dass der Hughesapparat sich für den Kabelbetrieb ganz besonders eignen müsste.

Wie die Erfahrung indessen gezeigt hat, kann ein Kabel von 350 bis 400 km als die äusserste Länge bezeichnet werden, auf welcher ein unmittelbarer Verkehr mittels Hughes-Apparaten noch mit Sicherheit angängig ist. In einem gewissen Widerspruch hierzu scheint die Thatsache zu stehen, dass auf einigen Nordseekabeln von noch grösserer Länge ein tadelloser Verkehr mit dem genannten Apparat stattfindet. Wir kommen hierauf noch zurück.

Fragen wir nach den Ursachen der mangelhaften Leistung des Hughesapparates auf den Kabelleitungen, so müssen wir als solche bezeichnen:

1. die beständige Aenderung des permanenten Magnetismus unter dem Einflusse des Stromes;
2. die Beeinflussung des eigenen Apparates durch den abgehenden Strom;
3. der grosse Widerstand der Elektromagnetrollen.

Es ist eine bekannte Erscheinung, dass der Verkehr auf Hughes in einer Kabelleitung sich am leichtesten abwickelt, wenn

nur in einer Richtung gearbeitet wird. Es tritt auf diese Weise
in der Stärke des permanenten Magnetismus an beiden Enden ein
Gleichgewichtszustand ein, welcher ein ungestörtes Arbeiten in der
nämlichen Richtung nach erfolgter Regulirung noch zulässt. Tritt
alsdann eine längere Ruhe ein, so ändern sich beiderseits die
Magnetismen, und zwar nimmt der durch die Ströme geschwächte
Magnetismus allmählich wieder zu. Beim Wiederaufnehmen der
Arbeit ist der permanente Magnetismus in den Eisenkernen anfangs
noch zu gross, und daher werden die ersten Zeichen unrichtig erscheinen. Erst unter den wiederholten Einwirkungen des Stromes
stellt sich der magnetische Gleichgewichtszustand wieder ein. Falls
an der Stellung des Schwächungsankers wie der Abschnellfeder
eine Veränderung nicht vorgenommen worden war, tritt die Verständigung alsdann von selber ein.

Ganz besondere Schwierigkeiten bereitet das Arbeiten in ab-
wechselnder Richtung. Hierbei macht sich die magnetische Trägheit des gehärteten Stahles in unbequemster Weise fühlbar, indem
die Schwächung des Magnetismus ausserordentlich verschieden ist,
je nachdem man giebt oder empfängt. Es ist dieses eine Folge
davon, dass auch der Apparat des gebenden Amtes im Stromkreise
liegt und von dem abgehenden Strome beeinflusst wird. Auf
Seite 66 ist der grosse Unterschied in der Stärke des abgehenden
und ankommenden Stromes bereits hervorgehoben worden. Beim
Hughesbetriebe ist dieses Verhältniss ähnlich. Beträgt die elektromotorische Kraft der Batterie 50 Volt und ihr innerer Widerstand 200 Ohm, so ist der Anfangswerth des abgehenden Stromes
bei einem Apparatwiderstande von 1000 Ohm gleich $\frac{50}{1000+200}$
oder gleich 0,04 Ampère. Die Stärke des ankommenden Stromes
bei Erreichung des stationären Zustandes beträgt etwa 0,016 Ampère,
und bei den kurzen Stromstössen erreicht der ankommende Strom
höchstens die Hälfte hiervon, also 0,008 Ampère. Der abgehende
Strom ist daher 5 mal stärker als der ankommende Strom. Würde
der Wechsel im Magnetismus plötzlich, also ohne jeden Zeitverlust
vor sich gehen, so hätten diese grossen Stromunterschiede keinen
Nachtheil für den Betrieb. Der abgehende Strom würde dann eine
beträchtliche Schwächung des Magnetismus der Eisenkerne zur
Folge haben; derselbe würde aber sogleich nach der Stromunter-

brechung seine volle Höhe wieder erreichen, und der mechanisch zurückgeführte Anker würde wieder angezogen bleiben. Dieser Vorgang würde sich selbst bei schnellster Zeichenfolge glatt wiederholen. Anders gestaltet sich indessen das Verhältniss in Folge der magnetischen Trägheit. Stellt man den Schwächungsanker derart, dass der angedrückte Anker noch sicher hängen bleibt, ist also der permanente Magnetismus in den Eisenkernen nur gering, so wird letzterer durch den starken abgehenden Strom nicht allein vollständig vernichtet, sondern sogar vorübergehend umgekehrt.

Der Anker wird allerdings abgeschnellt, und im nächsten Augenblick erfolgt seine mechanische Zurückführung. Während dieses sehr kurzen Zeitraumes hat der ursprüngliche Magnetismus sich noch nicht wiederherstellen können; demzufolge bleibt der Anker nicht haften, und es springt ein falsches Zeichen in die Schrift.

Für den Betrieb ist es daher unbedingt erforderlich, dass der permanente Magnetismus in den Eisenkernen gegenüber der Stärke des abgehenden Stromes nicht zu schwach gemacht wird. Der Strom soll den Magnetismus nur soweit vermindern, dass der Anker abgeschnellt wird. Bis zum Wiederandrücken des letzteren hat der nur wenig geänderte permanente Magnetismus Zeit erhalten, seine volle Stärke wieder anzunehmen. Diese Zeit wird um so grösser, je weiter die Grenzen auseinanderliegen, innerhalb welcher die magnetischen Aenderungen vor sich gehen, und es ist ersichtlich, dass man diese Grenzen möglichst nahe an einander zu bringen hat. Es sei M der permanente Magnetismus der Eisenkerne; ferner sei m diejenige Stärke des Magnetismus, bei welcher sich der Anker im labilen Gleichgewicht befindet, und es möge der durch den Strom allein erzeugte Magnetismus mit S bezeichnet werden. Alsdann muss $M - S < m$ oder $M - S = m - a$ sein, wobei a eine bestimmte Grösse vorstellen soll.

Sobald $a = o$ wird, fällt der Anker nicht mehr ab, sondern kommt nur bis in die labile Gleichgewichtslage. Die Werthe von S und m sind unveränderlich, und nur M gestattet eine Verschiebung. Mit der Abnahme von M wächst a, das heisst, die Schwächung des Magnetismus sinkt immer weiter unter diejenige Grenze, bei welcher das Abschnellen des Ankers eintritt.

Dementsprechend wird auch die Zeit, welche der Magnetismus nach der Stromunterbrechung zu seiner Wiedererstarkung gebraucht, mit der Zunahme von a immer grösser. Der Werth von a liefert uns daher einen gewissen Anhalt über die Grösse der magnetischen Trägheit.

Für den im abgehenden Strome liegenden Apparat darf M nur soweit geschwächt, also a nur so gross gemacht werden, dass der in den Elektromagnetkernen geschwächte Magnetismus während der Zeit, bis zum mechanischen Heranführen des Ankers wieder genügend erstarken kann, um den Anker festzuhalten. Beim Wechsel vom Geben zum Empfangen wird $M - \dfrac{1}{5} S = m - a_1$.

Hierbei muss a_1 noch gross genug sein, damit eine ausreichende Schwächung und ein sicheres Abschnellen des Ankers vor sich gehen kann.

Nun treten zweierlei Uebelstände auf, welche den Betrieb beeinträchtigen. Einmal ist der Magnetismus M nicht konstant. Während des Gebens wird derselbe unter dem Einflusse der starken Ladungsströme immer mehr geschwächt, bis er einen Gleichgewichtszustand erreicht. Alsdann hält sich der Magnetismus während des gleichmässigen Gebens auf dieser Höhe. Beim Uebergehen zum Empfangen wird die Schwächung des Magnetismus bedeutend geringer. Derselbe erholt sich demzufolge allmälig und der schliesslich eintretende Gleichgewichtszustand weist einen erheblich stärkeren Magnetismus auf. Es folgt hieraus, dass der Werth von M während des Gebens kleiner als während des Empfangens ist. Dieser Uebelstand erleidet eine Vergrösserung dadurch, dass der abgehende Strom erheblich stärker als der ankomme Strom ist. Ein jeder der letzteren Ströme unterliegt ausserdem recht bedeutenden Schwankungen, welche durch die Geschwindigkeit der Zeichenfolge bedingt werden. Wenn zwischen zwei Stromgebungen eine grössere Zeit verfliesst, z. B. ein ganzer Schlittenumlauf, so kann das Kabel sich während dessen fast vollständig entladen. Der nächste Strom findet alsdann keine Ladung im Kabel vor; demzufolge findet eine neue Ladung, also die Entwickelung eines kräftigen Ladungsstromes statt. Der abgehende Strom ist sehr stark. Folgen dagegen die Stromsendungen bei den zulässig engsten Kombinationen sehr schnell aufeinander, so wird die Entladung während

der Zwischenzeiten nur unvollständig. Jeder folgende Strom findet
eine ziemlich starke Ladung vor, und daher übersteigen die Stromwellen die stationäre Höhe nur um ein Geringes.

Für den ankommenden Strom nehmen die Schwankungen
einen ebenso bedeutenden Umfang an, nur findet das Schwanken
in umgekehrter Weise statt. Der Widerstand des Apparates beträgt wenigstens 1000 Ohm, in Folge dessen wird das Ansteigen
und Abfallen der Stromwellen erheblich verzögert.

Bei langsamen Stromgebungen findet am Kabelende ein fast
vollständiger Abfluss der Elektricität statt. Jede neue Stromwelle
muss sich von der Nulllage erheben, erreicht aber wegen der kurzen
Dauer nicht die Stärke des stationären Stromes. Folgen dagegen
die Ströme schnell aufeinander, so sinken die Wellen nicht jedesmal auf Null herab. Sowohl der tiefste wie der höchste Punkt
einer solchen Welle liegen höher als die bezüglichen Punkte der
vorhergehenden Welle. Vergl. S. 60. Wir haben mithin auch für
den ankommenden Strom erhebliche Schwankungen, welche von der
Geschwindigkeit der Zeichenfolge abhängig sind.

In Folge dieser Schwankungen tritt noch eine andere Erschwerung des Betriebes ein. Es ist dieses das Einspringen rück-
liegender Zeichen bei vollkommen synchronem Gange der Apparate.
Wenn nach einer längeren Pause auf dem gebenden Amt die
Blanktaste gedrückt wird, so erscheint auf dem empfangenden Amt
ebenfalls das Blank. Beim zweiten Druck der Blanktaste kommt
am anderen Ende aber nicht das Blank, sondern der Buchstabe Z
an. Der Grund für diese bekannte Erscheinung ist folgender.

Nach der längeren Pause ist das Kabel vollständig entladen;
der abgehende Strom wird daher zum grossen Theil für die Ladung
des Kabels verbraucht, und am empfangenden Ende tritt das Abfallen des Ankers erst dann ein, wenn die Welle nahezu ihren
höchsten Punkt erreicht hat. Bei der folgenden Stromwelle ist
das Kabel noch theilweise geladen. Der Strom erreicht mithin
schon etwas früher diejenige Stärke, bei welcher der Anker abfällt,
und wenn dieser Zeitunterschied auch nur 0,02 Sekunden beträgt,
so muss das vor dem Blank liegende Zeichen, also das Z, ab-
gedruckt werden.

Bis zu einem gewissen Grade kann man dem Nachtheile der

Fig. 24.

I   II   III   IV

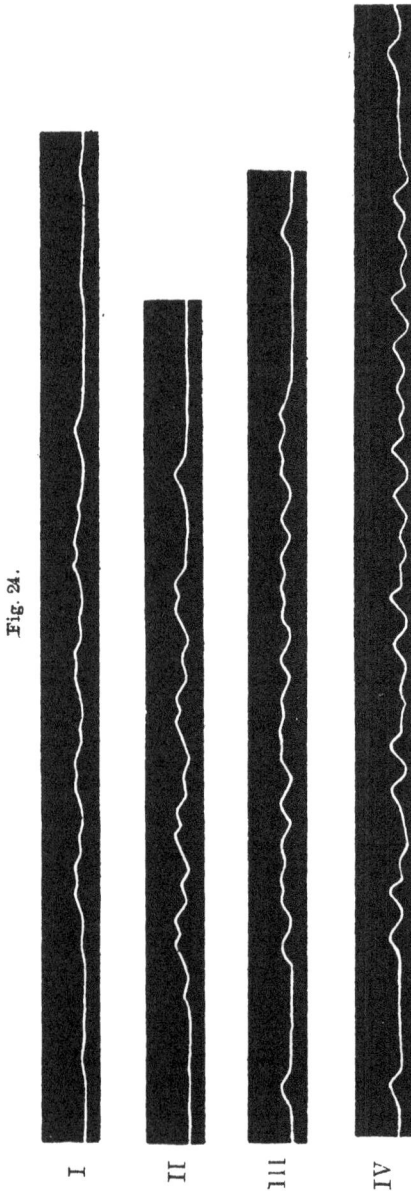

Stromverzögerung durch
ungleichen Gang der Ap-
parate begegnen, und zwar
muss der empfangende
Apparat langsamer laufen.

Aus den in Figur 24
enthaltenen Stromkurven
lässt sich der Einfluss
der Apparatwiderstände
deutlich ersehen.

Der Streifen I zeigt die
Kurve des ankommenden
Stromes in der Kabel-
schleife Berlin-Hamburg-
Berlin, wenn die Hughes-
zeichen durch einen
Hughesapparat unmittel-
bar in die Leitung gesandt
werden, und wenn am
Ende ein Empfänger (in
diesem Falle ein Relais
von Siemens) mit 1150
Ohm Widerstand Ver-
wendung findet. Die ein-
zelnen Zeichen heben sich
nur wenig von einander
ab, auch haben dieselben
unter sich sehr verschie-
dene Höhe.

Bei dem Streifen II
sind die Zeichen ebenfalls
mittels des Hughesappa-
rates unmittelbar in das
Kabel gesandt. Am Kabel-
ende befand sich dagegen
ein Relais von 280 Ohm.
Bei dieser Kurve erkennt
man schon´ein viel deut-

licheres Absetzen zwischen den einzelnen Stromsendungen. Der geringere Widerstand des Empfangsapparates macht sich in vortheilhafter Weise geltend, immerhin steigen die einzelnen Wellen bei den engen Kombinationen zu hoch an. Eine Verständigung wäre unmöglich.

Der Streifen III zeigt die Stromwellen am Ende, wenn die Hugheszeichen nicht durch den Hughesapparat, sondern durch ein vorgeschaltetes Relais abgegeben wurden. Am Kabelende befand sich ein Relais von 280 Ohm. In diesem Falle wurde also der abgehende Strom nicht erst durch den eigenen Hugheselektromagnet von 1150 Ohm Widerstand geschwächt, sondern das Kabel wurde unmittelbar mit der Batterie verbunden. Wie die Kurve erkennen lässt, erhebt sich der Strom bei den engen Kombinationen nur wenig höher als bei der alleinigen Abgabe von Blankzeichen in Folge der günstigeren Entladung am Kabelanfange sowie des Fortfalles des eigenen Apparatwiderstandes. Immerhin würde selbst durch die Vermittelung des Empfangsrelais ein Hughesapparat hierbei noch nicht sicher arbeiten.

Wenn bei der zuletzt angeführten Stromgebung nach jeder Stromunterbrechung ein kurzer Gegenstrom in das Kabel gesandt wird, erhalten wir die Kurve auf dem Streifen IV. Bei den engen Kombinationen gehen die Stromwellen sogar bis unter die Nulllinie herunter, was auf eine zu gross bemessene Gegenbatterie schliessen lässt. Bei richtiger Wahl der letzteren würden sich die Stromwellen wahrscheinlich derart gestalten lassen, dass ein Arbeiten mit dem Hughesapparat noch möglich wäre.

Aus dem Vorstehenden ist zu folgern, dass bei den Bestrebungen zur Verbesserung des Hughesbetriebes in erster Linie auf die Entfernung des Hughesapparates aus der Kabelleitung Bedacht genommen werden muss. Es ergiebt sich dieses auch aus Folgendem. Die Sprechgeschwindigkeit ist umgekehrt proportional dem Produkt Widerstand mal Kapazität. Bei einem Kabel von 300 km Länge — etwa 2200 Ohm und 60 Mikrofarad —, bei je 1000 Ohm Apparatwiderstand und bei 300 Ohm Widerstand in der Batterie ist das Produkt $4500 \times 60 = 270\,000$. Erfolgt der Betrieb durch Vermittelung von Relais von je 250 Ohm, so ist dieses Produkt $2750 \times 60 = 165\,000$. Das Verhältniss der Sprechgeschwindigkeit in diesen beiden Fällen ist also wie 1 zu 1,6.

Streng richtig wird diese Rechnung jedoch nur in dem Falle,
wenn die Kapazität sich gleichmässig auf den ganzen Widerstand
vertheilt, was im Vorstehenden allerdings nicht ganz zutrifft; immerhin ergiebt sich auch hieraus der grosse Nachtheil, welcher mit
der gewöhnlichen Einschaltung der Hughesapparate verbunden ist.

Die bisher besprochenen Uebelstände wachsen im quadra-
tischen Verhältniss zur Länge der Kabelleitung, und für einen unmittelbaren Verkehr kann man eine Strecke von 350 bis 400 km als äusserste
Grenze ansehen. Bei längeren Leitungen muss von dem Hülfsmittel der Uebertragung Gebrauch gemacht werden, das heisst, die
ganze Leitung wird in zwei oder noch mehr Theilstrecken zerlegt,
und geeignete Uebertragungsvorrichtungen vermitteln die Weiter-
gabe der Ströme.

Uebertragung für Hughesbetrieb.

Bei den Uebertragungsvorrichtungen für Morsebetrieb erfolgt
die Schliessung des nächsten Stromkreises durch den Anker eines
Elektromagnetes, welcher durch den Strom des gebenden Amtes
erregt wird. Das Anziehen und Abfallen des Ankers vom Uebertragungsrelais tritt daher annähernd in denjenigen Zeitpunkten ein,
zu welchen das Schliessen und Oeffnen des Stromes auf dem gebenden Amte geschieht. Geringe Unterschiede, veranlasst durch
mechanische und magnetische Trägheit, sind allerdings vorhanden,
indessen werden die Längenunterschiede der Morse-Punkte, Striche
und Zwischenräume so gering, dass die übertragene Schrift noch
vollkommen regelmässig erscheint.

Eine erfolgreiche Uebertragung von Hugheszeichen stellt indessen weit grössere Anforderungen an die Regelmässigkeit der
Stromsendungen. Die Dauer der Kontakte muss sehr kurz aber stets
gleichmässig sein. Die gewöhnliche Uebertragungsvorrichtung für
Morsebetrieb vermag diesen Anforderungen nicht zu entsprechen,
weil namentlich das Abfallen des angezogenen Ankers in Folge
der geringen Unterschiede in den Stromstärken nicht regelmässig
genug ist, und die Dauer der Kontakte verschieden ausfällt.

Diese Uebelstände hat man durch ein einfaches Hülfsmittel
zu beseitigen verstanden. Der nämliche Strom, welcher durch die

Anziehung des Relaisankers geschlossen wird, muss auch das sofortige Abwerfen des Ankers wieder veranlassen und auf diese Weise sich selber unterbrechen. Die Schaltungsweise ist aus Fig. 25 ersichtlich.

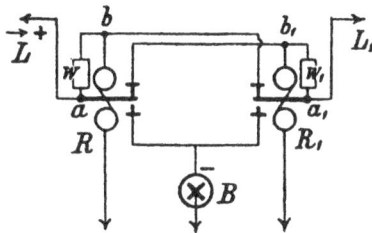

Fig. 25.

Wir sehen hier genau die nämliche Uebertragung wie für den Morsebetrieb, nur sind noch die Widerstände W und W_1 zwischen a und b bezw. a_1 und b_1 eingeschaltet. Diese Widerstände sind ungefähr doppelt so gross als diejenigen der Leitungen L bezw. L_1. R und R_1 sind polarisirte Relais. Ein aus L ankommender positiver Strom findet bei a zwei Wege vor. Ein Theil des Stromes geht über den Anker und den Ruhekontakt des Relais R zu den Umwindungen von R_1 und durch diese zur Erde. Ein zweiter Weg führt durch W und durch die Umwindungen von R. Der Widerstand des letzteren Weges ist sehr viel grösser als derjenige des ersteren Weges, in welchem nur der Widerstand des Empfangsrelais vorhanden ist. Demzufolge wird auch der weitaus grösste Theil des ankommenden Stromes durch das Relais R_1. gehen und dieses zum Ansprechen bringen. Der durch R gehende Strom hat ausserdem eine solche Richtung, dass der Relaisanker hierdurch nicht bewegt werden könnte. Die übrigen Verzweigungen kommen noch weniger in Betracht. Es kann also auf den von L ankommenden Strom nur das Relais R_1 ansprechen. Sobald dessen Anker den Batteriekontakt berührt, geht aus B ein Strom bis a_1 und verzweigt sich daselbst. Der grössere Theil geht in die Leitung L_1 nach dem fernen Amt, während ein kleinerer Theil durch W_1 geht und die Elektromagnetkerne in entgegengesetztem Sinne magnetisirt. Während dieser sehr kurzen Zeit hat der ankommende

Strom allerdings schon erheblich abgenommen, aber immerhin
würde der angezogene Anker noch etwas länger mit dem Batteriekontakt in Verbindung bleiben und die Dauer des in L_1 gelangen-
den Stromes zu lang machen, wenn nicht diese entgegengesetzte
Magnetisirung eintreten würde. Vermöge der letzteren wird aber
der Anker sofort in seine Ruhelage zurückgeworfen; die Berührung
zwischen Leitung und Batteriekontakt kann daher nur so lange
andauern, als der Strom aus der Linienbatterie Zeit gebraucht, um
sich zu entwickeln. Dieser nämliche Strom — oder vielmehr ein
Theil dieses Stromes — wirft alsdann den Anker wieder ab und
unterbricht sich selber, sobald er eine bestimmte Stärke erreicht
hat. Es ist ersichtlich, dass auf diese Weise die Berührung der
Leitung mit dem Batteriekontakt niemals eine für den Hughesbetrieb zu lange Dauer annehmen kann.

Bemessung der Elementenzahl für die Uebertragungsbatterien.

Im Allgemeinen wird bei den Uebertragungsstellen die gleiche
Elementenzahl angewendet, welche am anderen Ende der Theil-
strecke sich befindet. Für den Morsebetrieb ist dieses auch zweckmässig, dagegen nicht für den Betrieb der Leitungen mit Hughes-
apparaten. Bei letzteren ist nicht allein die Stärke des auf der
Uebertragungsstelle ankommenden Stromes, sondern auch die Stärke
des abgehenden Stromes sorgfältig zu berücksichtigen.

Indessen lässt sich das Verhältniss zwischen diesen beiden
Stromstärken nicht beliebig gestalten, denn dasselbe ist bei Luftleitungen von dem Isolationszustande und bei Kabelleitungen von
der Kapazität abhängig. Sind nun die Batterien auf der Endstelle
wie auf der nächsten Uebertragungsstelle gleich stark, so kann
das Verhältniss der auf den Hughesapparat wirkenden Stromstärken
unter Umständen sehr verschieden werden. Die Batterie auf der
Endstelle wird daher nur so gross bemessen, dass der bei der
Uebertragungsstelle ankommende Strom zur sicheren Bewegung
des Relais eben noch ausreicht. Alsdann ist der von der Endstelle
abgehende Strom den obwaltenden Verhältnissen entsprechend
nach Möglichkeit verringert.

Für die Uebertragungsstelle ist die Stärke des von derselben abgehenden Stromes, wenn man von den Rückströmen absieht, ohne Einfluss auf die eigenen Apparate. Man könnte also die Batterie-stärke ganz nach Belieben wählen, und wenn lediglich die Rück-sichten auf die günstigste Gestaltung des Betriebes massgebend wären, so würden die beiden Batterien in ihrer Stärke sich ver-halten müssen wie der ankommende zum abgehenden Strome. Wenn also der von der Endstelle abgehende Strom beispielsweise dreimal so stark ist als der auf der nächsten Uebertragungsstelle ankommende Strom, so hätte man auf der Uebertragungsstelle eine dreimal grössere Batterie in Anwendung zu nehmen. Für den Betrieb oberirdischer Leitungen werden in dieser Beziehung erheb-liche Schwierigkeiten im Allgemeinen nicht entgegenstehen. Der häufigen Erschwerung des Hughesbetriebes durch Isolationsfehler könnte demnach durch entsprechende Bemessung der Ueber-tragungsbatterien erfolgreich begegnet werden. Bei Kabelleitungen kommen indessen zwei Umstände hinzu, welche die vorstehend an-gedeutete Stromausgleichung nur in beschränktem Maasse zulassen. Einmal verbietet die Sorge um die Erhaltung des Isolations-zustandes den Gebrauch starker Batterien, und dann wächst mit der Stärke der letzteren auch die Stärke des Rückstromes, wo-durch der Magnetismus in den Uebertragungsrelais nachtheilig be-einflusst wird. In dem Godfroy'schen Nebenschluss mit Selbst-induction besitzen wir allerdings seit neuester Zeit ein vorzügliches Hülfsmittel zur fast vollständigen Vernichtung der Entladungs-ströme, so dass nur noch die elektrische Spannung im Kabel in Frage kommen kann. Nach den in der Reichs-Telegraphen-verwaltung bestehenden Grundsätzen ist eine Spannungsdifferenz von 100 Volt als äusserste Grenze anzusehen, über welche hinaus nicht gegangen wird. Durch Anwendung dieser Maximalspannung für die Uebertragungsbatterien lässt sich indessen schon viel er-reichen, indem mit Rücksicht auf die verhältnissmässig kurzen Theilstrecken für die Batterien an den Endstellen eine Spannung von 60 Volt stets ausreicht. Die Unterschiede in den auf den Hughesapparat wirkenden Stromstärken können hierbei schon wesentlich vermindert werden. In dieser Beziehung angestellte Versuche haben auch günstige Ergebnisse geliefert.

Einstellung der Uebertragungsrelais für Hughesbetrieb.

Ist nur eine Uebertragung in der ganzen Leitung vorhanden, so lässt sich die Einstellung der Relais schnell und sicher in folgender Weise ausführen. Nachdem die Relais die auf Seite 40 näher beschriebene grundsätzliche Regulirung erhalten haben, lässt man zuerst von einer Seite die bekannten Regulirungszeichen geben. Nun dreht man die Stellschraube für die Spannfeder bezw für den Kontaktschlitten so lange, dass der Anker eine deutlich wahrnehmbare Neigung zum Klebenbleiben am Batteriekontakt erkennen lässt. Darauf zieht man von der Mitte des Stellschraubenkopfes mit Bleistift einen leichten Strich in bestimmter Richtung, beispielsweise senkrecht zu sich selbst, bezw. nach unten, und dreht alsdann die Stellschraube vorsichtig in entgegengesetzter Richtung. Dabei wird man die Hugheszeichen immer klarer hören, bis allmählich wieder ein unsicheres Anschlagen des Relaisankers erfolgt. Derselbe hat nunmehr die Neigung, am Ruhekontakt kleben zu bleiben. Die Anzahl der ganzen Schraubenumgänge wird genau gemerkt, und die Bruchtheile eines Umganges kann man aus dem Stande der Bleistiftmarke hinreichend genau schätzen. Nunmehr dreht man die Stellschraube um die Hälfte der eben ermittelten Schraubenumgänge wieder zurück und hat alsdann dem Anker die günstigste Lage gegeben. Es ist dieses Verfahren jedenfalls sicherer, als wenn man die Regulirung lediglich nach dem Gehör ausführt, denn die Grenze, innerhalb welcher die Hugheszeichen dem Ohre noch als klar und regelmässig vorkommen, ist ziemlich weit, und darum kann schon ein leichtes Kleben des Ankers nach der einen oder der anderen Richtung eintreten, ohne dass man dieses durch das Ohr wahrzunehmen vermag. Um übrigens den bei dem geringen Ankerhube nur leisen Anschlag des Relais noch sehr deutlich unterscheiden zu können, bedient man sich eines Lineals, welches mit einem Ende gegen die Batteriekontaktschraube und mit dem anderen Ende flach an das Ohr gehalten wird. Auf diese Weise werden die Schallwellen mit ausserordentlicher Deutlichkeit dem Gehör zugeführt.

Die Regulirung des zweiten Relais erfolgt genau in der nämlichen Weise, wie solches vorstehend für das erste Relais angegeben worden ist.

Befinden sich in einer Leitung zwei oder mehr Uebertragungsstellen, so wird die Regulirung viel umständlicher. Unbedingt erforderlich ist alsdann, dass bei jeder Uebertragungsstelle gleichzeitig und planmässig zu Werke gegangen wird. Die beiden
Uebertragungsstellen werden durch Amtstelegramm aufgefordert,
zu einer bestimmten Zeit mit der Regulirung zu beginnen. Zu der
festgesetzten Zeit beginnt das Endamt I mit der Abgabe der Regulirungszeichen. Das Uebertragungsamt II stellt sogleich das zugehörige Relais ein und überzeugt sich von dem richtigen Anschlag.
Sobald das Uebertragungsamt III wahrnimmt, dass der Anschlag
des zugehörigen Relais sich nicht mehr ändert, kann daselbst ge-
folgert werden, dass auf dem Amt II die Einstellung beendet ist,
und nun wird auf dem Amt III mit der Regulirung vorgegangen.
Schliesslich stellt das Endamt IV seinen Apparat ein. Sobald daselbst die Zeichen richtig ankommen, unterbricht das Amt IV und
beginnt seinerseits mit der Abgabe der Regulirungssignale. Nunmehr erfolgt die Einstellung der Relais in umgekehrter Reihen-
folge, also erst bei dem Amt III und demnächst bei dem Amt II.

Wenngleich dieses Verfahren etwas umständlich ist, so er-
öffnet dasselbe doch den einzig möglichen Weg, zu einem wirklich
tadellosen Gange der Uebertragungen zu gelangen. Jedes einseitige
Vorgehen einer Uebertragungsstelle sollte auf das Peinlichste vermieden werden; denn es würde lediglich einem seltenen Zufalle zu
verdanken sein, wenn hierdurch die Verständigung verbessert
werden sollte.

Uebertragung mit Gegenstromsendung für Hughesbetrieb.

Die vorhin besprochene Uebertragung für Hughesbetrieb ist
gegenwärtig in der Reichs-Telegraphenverwaltung bei oberirdischen
Leitungen allgemein im Gebrauch. Auch für Kabelleitungen hat
dieselbe bis vor Kurzem ausschliesslich Verwendung gefunden.

In oberirdischen Leitungen arbeitet eine gut eingestellte
Uebertragung lange Zeit, oft mehrere Wochen tadellos, und es bedarf nur hin und wieder einer Reinigung der Kontakte. Anders
verhält sich die Uebertragung in unterirdischen Leitungen. Hierbei
erfordert dieselbe eine fast beständige Beaufsichtigung, und täglich
werden Regulirungen nothwendig. Die Dauer der Stromgebung

ist durch die angewandte Stromverzweigung ebenso genau ab-
gegrenzt wie im Gebrauche für Luftleitungen, denn wenn auch der
ankommende Strom in Folge des langsamen Abflusses ohne die
Verzweigung des weitergehenden Stromes nicht sogleich verschwinden würde, so wird eben die Beschleunigung des Anker-
abfalles und die Umkehrung bezw. Schwächung des Magnetismus
im Relais durch die Verzweigung des weitergehenden Stromes
gewissermassen erzwungen.

Die Hauptursache der weniger befriedigenden Wirkungsweise
liegt in der starken Beeinflussung der Relais durch die Entladungsströme und in der hiermit verbundenen beständigen Schwankung
des permanenten Magnetismus der Empfänger. Diesem Uebelstande
lässt sich durch Anwendung von Gegenstromsendern erfolgreich
begegnen, und zwar nach Art der auf Seite 52 beschriebenen
Schaltung für Morsebetrieb. Noch vortheilhafter und erheblich einfacher hat sich indessen die Anwendung des Nebenschlusses mit
Selbstinduction erwiesen. Vergl. Seite 16. Die mit letzterer Schaltung gemachten Erfahrungen sind recht zufriedenstellend gewesen.

Wie ist der Hughes-Apparat für Kabelleitungen zu schalten?

Auf Seite 67 ist der Beweis zu erbringen versucht worden,
dass der Hughes-Apparat zur unmittelbaren Einschaltung in längere
Kabelleitungen sich nicht eignet. Es liegt nun die Frage nahe,
wie man diesen Apparat auch für derartige Leitungen verwendbar
machen kann, da doch die Art der Stromgebungen gerade für Kabelleitungen besondere Vortheile bietet. Es bleibt eben nur der eine
Weg übrig, den Hughes-Apparat in einen Lokalstromkreis zu legen,
und sowohl die Stromgebung wie das Empfangen durch besondere
Relais zu vermitteln. Hierbei muss aber berücksichtigt werden,
dass auch während des Gebens jederzeit unterbrochen werden kann.
Mit einem Relais kommt man daher nicht zum Ziele, vielmehr
muss ein zweites Relais zur Hülfe genommen werden, und es gestaltet sich die Einrichtung genau so wie für eine Uebertragungsstelle. Durch weitere Zugabe eines Godfroy'schen Nebenschlusses
wird sich der Hughesbetrieb für Kabelstrecken verwendbar machen
lassen, welche die gegenwärtig zulässigen Längen voraussichtlich
weit übersteigen werden.

Eine derartige Einrichtung ist in Fig. 26 skizzirt. R und R_1 sind polarisirte Uebertragungsrelais, und J der Nebenschluss mit grosser Selbstinduction, dessen Wirkungsweise auf Seite 20 erläutert

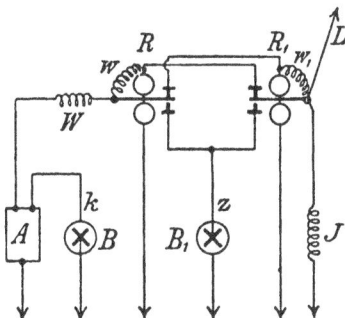

Fig. 26.

worden ist. Die von dem Hughesapparat A entsandten Ströme gelangen nur bis zu dem Relais R_1 und setzen dieses in Thätigkeit. Den Weg für diese Ströme bildet also lediglich die Zimmerleitung, und die Weitersendung von Stromwellen in die Leitung L erfolgt durch das Relais R_1.

Die aus der Leitung ankommenden Ströme gehen durch R zur Erde und veranlassen die Schliessung des Lokalstromkreises für A.

Zur möglichsten Vereinfachung der Batterieverhältnisse wird zwischen A und R ein Widerstand W von dem Eineinhalbfachen des Leitungswiderstandes eingeschaltet.

Alsdann lässt sich die Batterie B_1 sowohl für den linken wie für den rechten Stromkreis verwenden.

Es lässt sich nicht verkennen, dass eine derartige Einrichtung umständlich ist und für den Betrieb nicht empfehlenswerth erscheint. Indessen sind die Vortheile, welche diese Schaltungsweise bietet, bedeutend genug, um die Umständlichkeit der Einrichtung mit in den Kauf zu nehmen. Es ist nämlich einmal erreicht, dass der Hughes-Apparat sowohl beim Geben wie beim Empfangen von annähernd gleichen Strömen umflossen wird. Dieses ist vielleicht der grösste Vortheil. Fast ebenso wichtig ist der Umstand, dass beim Abgeben von Zeichen das eigene Em-

pfangsrelais den nachtheiligen Einflüssen der Entladungsströme
fast ganz entzogen wird. Durch den Nebenschluss mit Selbstinduction werden auch die Stromwellen erheblich steiler gemacht
und erhöhen die Sicherheit der Zeichenübermittelung. Nicht un-
erwähnt möge bleiben, dass bei dem bedeutend geringeren Widerstande der Empfangsrelais im Verhältniss zu demjenigen der
Hughesapparate die ankommenden Stromwellen schneller verlaufen.

Die Erfahrungen im Betriebe der telegraphischen Verbindung
zwischen Berlin und London haben gezeigt, dass erheblich längere
Kabelstrecken dem Hughesbetriebe dienstbar gemacht werden
können, wenn an den Kabelenden nicht Hughesapparate unmittelbar,
sondern Relaisübertragungen Anwendung finden. In Emden sowohl wie in Lowestoft sind derartige Uebertragungen vorhanden,
und der Hughesbetrieb wickelt sich in dem 470 km langen Kabel
zur Zufriedenheit ab. Es lässt sich wohl annehmen, dass die Verständigung nicht mehr zu erzielen wäre, wenn in Emden und
Lowestoft die Hughesapparate unmittelbar in die Kabelleitung eingeschaltet sein würden.

Die Vorschaltung von Relaisübertragungen auf dem eigenen
Amt bietet immerhin etwas Fremdartiges, und wenn auch der Erfolg zweifellos zu Gunsten derselben sprechen würde, so müsste
eine derartige Einrichtung die Einfachheit der Betriebsmittel beeinträchtigen.

Der Hughesbetrieb mit zeitweiligem Nebenschluss zum gebenden Apparat.

Auf Seite 67 sind diejenigen Umstände erörtert worden,
welche den Betrieb in Kabelleitungen mit unmittelbar eingeschalteten Hughesapparaten erschweren. Es sind dieses die Ungleich-
heiten in der Stärke der ankommenden und abgehenden Ströme
sowie die grossen Widerstände in den Empfangsapparaten.

Es frägt sich nun, ob man durch Parallelschaltung der Elektromagnetrollen und durch Verminderung des Batteriewiderstandes
nicht ebenso wie beim Morsebetriebe eine wesentliche Besserung
erzielen kann. Nehmen wir eine Batterie von 50 Elementen mit
300 Ohm innerem Widerstande, so ist der Anfangswerth des ab-

gehenden Stromes bei hintereinander geschalteten Rollen von
1100 Ohm nahezu gleich 0,036 Am.

Verbindet man jedoch die Rollen nebeneinander, so dass dieselben nur 275 Ohm erhalten, und wird eine Batterie von 50 Volt
mit nur 100 Ohm verwendet, so ist der Anfangswerth des abgehenden Stromes etwa gleich 0,133 Am, während in der Stärke
des ankommenden Stromes in beiden Fällen ein wesentlicher Unterschied nicht eintritt. Die abgehenden Ströme verhalten sich also
wie 1 zu 3,7. Hieraus ergiebt sich, dass durch die Parallelschaltung
der Elektromagnetrollen für den Hughesapparat der Betrieb in
Kabelleitungen nicht verbessert, sondern im Gegentheil wesentlich
verschlechtert wird. Die ankommenden Stromwellen erfahren wohl
eine günstigere Gestaltung durch die Parallelschaltung, aber dieser
Vortheil wird durch die Vergrösserung der Unterschiede zwischen
den abgehenden und ankommenden Strömen weit überwogen.

Wenn man diese Unterschiede womöglich gleich Null machen
könnte, dann würde allerdings die Parallelschaltung der Rollen
ausserordentliche Vortheile für den Betrieb zum Gefolge haben,
denn die Stromwellen würden einen weit steileren Verlauf nehmen.

Eine Verbesserung des Hughesbetriebes kann mithin nur
durch Erfüllung folgender Bedingungen erreicht werden. Einmal
muss der Apparat- und Batteriewiderstand möglichst gering sein,
und dann sind Vorkehrungen zu treffen, dass beim Abgeben von
Zeichen der den Elektromagnet durchfliessende Strom nicht wesentlich stärker ist als der ankommende Strom. Der ersteren An-
forderung lässt sich durch Parallelschaltung der Elektromagnetrollen ohne Schwierigkeit entsprechen, und die Ausgleichung der
Stromstärken in den Elektromagnetrollen kann durch Nebenschliessungen von entsprechendem Werthe erreicht werden. Es
ist aber dafür Sorge zu tragen, dass der Nebenschluss nur unmittelbar vor jeder Stromsendung und nur während der Dauer
derselben in Thätigkeit tritt, damit die gebende Stelle jederzeit
unterbrochen werden kann. Das rechtzeitige Schliessen und
Oeffnen des Nebenschlusses wird dem Batterie-Kontakthebel übertragen, was mittels eines vom Hebel isolirten Federkontaktes sich
leicht erreichen lässt. Die alsdann in Frage kommenden Kontaktschrauben werden so gestellt, dass die Kontaktfeder für den
Nebenschluss die zugehörige Schraube unmittelbar vor dem An-

schlagen der zweiten Feder gegen den Batteriekontakt berührt. Beim Niedergehen des Hebels wird zuerst der Batteriekontakt geöffnet und demnächst erfolgt die Trennung des Nebenschlusses. Der Widerstand des letzteren kann mit Sicherheit nur ausprobirt werden, wobei nachstehendes Verfahren am schnellsten zum Ziele führt. Man lässt von dem fernen Amt Blankzeichen geben und spannt dabei die Abschnellfeder so weit ab, dass eben noch ein Abwerfen des Ankers eintritt. Darauf giebt man selber die Blankzeichen und regulirt den Widerstand der Nebenschliessung so lange, bis der Anker in der nämlichen Weise abgeworfen wird. Es empfiehlt sich dabei, den Widerstand von vornherein zu klein zu machen, also die Gleichheit der Stromstärken durch allmäliges Zufügen von Widerstand zu erreichen. Das Verfahren in umgekehrter Richtung führt nicht so sicher zum Ziele, weil durch die anfänglich stärkeren Ströme eine grössere Veränderung im Magnetismus vor sich gehen würde.

Die Vortheile des zeitweiligen Nebenschlusses zum Elektromagneten des gebenden Amtes sind hiernach folgende: Der auf die Apparate einwirkende Strom lässt sich stets gleich erhalten ohne Rücksicht auf die Stärke des abgehenden Stromes. Dementsprechend ist die Parallelschaltung der Elektromagnetrollen anwendbar, und da die Grösse des Zweigwiderstandes vorraussichtlich unter 100 Ohm betragen wird, findet eine bedeutende Verminderung des gesammten Widerstandes für den abgehenden Strom statt. Nunmehr kommen auch die Batterien mit geringem Widerstande voll zur Geltung, denn der Zu- und Abfluss der Elektricität kann sich weit schneller vollziehen.

Es ist ferner nicht ausgeschlossen, dass sich der Godfroy'sche Nebenschluss zur Versteilerung der Stromwellen mit Vortheil wird anwenden lassen, was bekanntlich bei der jetzigen Betriebsweise nicht zulässig ist.

In langen oberirdischen Leitungen treten die Stromverschiedenheiten namentlich bei feuchter Witterung ebenfalls recht störend auf und erschweren den Verkehr. Auch für solche Fälle verspricht die Anwendung des zeitweiligen Nebenschlusses, dessen Wirkungsweise gegenwärtig durch praktische Versuche erprobt wird, einen günstigen Erfolg.